煤炭开采对河川径流的影响研究

——以秃尾河锦界煤矿为例

白 乐 李恩宽 董国涛 著

U0343832

黄河水利出版社

·郑州·

内 容 提 要

自 20 世纪 80 年代以来，煤炭开采对河川径流的影响成为国内外学者和流域管理部门研究的热点和焦点之一。但如何定量评价煤炭资源大规模开发，下垫面条件改变而引起的地表产流机制和地表水、地下水转换关系的变化，进而导致河川径流量的变化，成为煤炭资源开发与水资源有效保护过程中面临的基础性和科学性的问题。因此，本书主要以秃尾河流域锦界煤矿为研究对象，在秃尾河流域径流演化特征分析的基础上，进行河川径流渗漏危险性分区、地表水－地下水耦合模拟、情景模拟和开采沉陷预测、煤炭开采对秃尾河径流影响评价的研究，旨在从典型区域向流域甚至陕北地区推广应用。

本书具有一定的系统性、科学性和实用性，可供水文水资源、水文地质、煤田地质等领域的专业技术研究人员和师生参考，对从事煤炭资源合理开发与水资源有效保护等相关研究领域的科研人员、工程技术人员具有一定的参考价值。

图书在版编目（CIP）数据

煤炭开采对河川径流的影响研究：以秃尾河锦界煤矿为例/白乐，李恩宽，董国涛著.—郑州：黄河水利出版社，2018.6

ISBN 978 - 7 - 5509 - 1999 - 0

Ⅰ.①煤⋯ Ⅱ.①白⋯ ②李⋯ ③董⋯ Ⅲ.①煤矿开采 - 影响 - 河川径流 - 研究 - 陕西 Ⅳ.①P343

中国版本图书馆 CIP 数据核字（2018）第 047151 号

出 版 社：黄河水利出版社
　　　　地址：河南省郑州市顺河路黄委会综合楼 14 层　邮政编码：450003
发行单位：黄河水利出版社
　　　　发行部电话：0371 - 66026940、66020550、66028024、66022620（传真）
　　　　E-mail：hhslcbs@126.com
承印单位：河南瑞之光印刷股份有限公司
开本：787 mm×1 092 mm　1/16
印张：8.25
字数：160 千字　　　　　　　　印数：1—1 000
版次：2018 年 6 月第 1 版　　　　印次：2018 年 6 月第 1 次印刷
定价：30.00 元

前　言

陕北地区煤炭资源丰富,2004 年国家确定 13 个大型煤炭基地,其中神东基地和陕北基地位于陕北地区。榆神府煤田煤炭探明储量 2 236 亿 t,为世界七大煤田之一,约占全国已探明储量的 1/3,具有储量大、煤层厚、煤层稳定、煤质优良、开采地质条件较简单等特点,成为 21 世纪国家能源战略西移的首选基地,也是我国未来能源工业最具有开发潜力和开发优势的地区。

陕北地区水资源贫乏,又位于极其严酷、敏感的脆弱环境之中,煤炭资源开发在扩大矿区规模,促进沿线经济快速发展的同时,进一步加剧了经济发展与水资源需求之间的矛盾,水资源已成为制约当地经济社会发展和生态环境可持续发展的重要因素。20 世纪 80 年代以来,陕北进入煤炭资源大规模勘探开发阶段。2003 年,陕北能源化工基地煤炭产量达 0.8 亿 t,建成了大柳塔、哈拉沟、榆家梁等一批具有世界领先水平的特大型现代化矿井。近年来,煤炭产量以 0.1亿 t/a 的速度递增,煤炭资源的成片开发,改变了下垫面结构,使降水、径流转化关系随之改变,已造成地下水位下降、泉流量减少、湖泊萎缩、河川径流量减少,甚至严重断流,受到了国内外学者及政府部门的高度重视。

国家"十一五"高科技研究发展计划(863 计划)、国家"十一五"科技支撑项目均涵盖了陕北干旱半干旱地区煤炭资源开发对水资源及水循环影响的研究。国内学者也进行了相关的研究。研究表明:除降水、蒸发等自然因素外,20 世纪80 年代中后期和 90 年代以来高强度煤炭资源开发,是造成陕北地区,尤其是窟野河流量衰减甚至断流的主要原因。因此,加强煤炭开采对河川径流的影响研究,不仅能减少、减缓由煤炭资源开发造成的损失,也有利于煤炭资源的合理开发和流域水资源的有效保护,也是黄河水资源管理、配置和调控的必然要求。

鉴于上述认识,在国家重点研发计划"矿井水开发利用潜力评价及风险管控"(No. 2017YFC0403505),国家"十二五"科技支撑计划项目"头龙间 - 泾河流域煤矿开采对河川径流的影响评价"(No. 2012BAB02B0403),"锦界煤矿开采对区域水资源影响专题研究"及中央分成水资源费项目"黄河流域非常规水资源调查及开发利用分析"(No. 1261220162511)的资助下,在广泛收集前人研究资料的基础上,围绕煤炭资源的适度开发和水资源的有效保护,以水文学和水文地质学理论为指导,以降低河川径流减少量为导向,将水文地质调查、煤矿开采历史现状调查、现场实测、理论计算、数值模拟等方法相结合,以秃尾河流域锦界煤矿为例,评价陕北地区煤炭开采对河道径流的影响,旨在从典型区域向流域甚至陕北地区推广应用。以期为缓解高强度煤炭资源开发引起的水资源问题提供依据,也为黄河水资源管理提供技术支撑。

本书的撰写得到了黄河水利科学研究院何宏谋教授和西安理工大学李怀恩教授的无私指导和帮助。中国煤炭科学研究总院西安分院李竞生教授,西安理工大学李鹏教授、秦毅教授、吴喜军博士等也给予了很多技术指导和帮助,在此表示诚挚的感谢!

研究过程中深刻认识到煤炭开采对河川径流的影响,不仅涉及水文水资源学、环境科学,还涉及煤炭地质学、水文地质学等多个学科,如何以河川径流保护为目标,在地质及水文地质条件分析的基础上,根据水文气象资料,以研究区的地层、岩性、构造为框架,利用矿区原有的勘探地质资料和矿井巷道开拓地质资料,从水文学和水文地质学角度研究煤炭开采对地下水的补给、径流、排泄的影响,进而研究采煤对基流量,甚至河川径流量的影响,并将其扩展到流域,尚有待进一步的研究。加之煤炭开采是一项长期复杂的工作,随着煤炭资源开采力度的加大,开采时间的持续,监测数据的丰富,定性定量方法的改进,煤炭开采对河川径流的影响研究必然经历修改、调整、完善、再修正不断循环递进的过程。

煤炭开采对河川径流的影响研究,虽取得了一定的成果,但尚有许多不足之处,随着研究的不断深入,需进一步深化其对地表水水文过程、地下水动力过程变化的认识。限于作者的水平和其他客观原因,书中难免存在不足和疏漏之处,不当之处敬请各位读者批评指正,对您的支持和帮助表示诚挚的感谢!此外,书中对他人的论点和成果尽量给予了引证,不慎遗漏之处,恳请相关专家学者谅解,在此表示衷心的感谢!

作　者

2018 年 2 月

目　录

第 1 章　绪　论

1.1　高强度能源开发与水资源需求

陕北地区蕴藏着丰富的矿产资源,目前已发现 8 大类 48 种矿产,潜在价值超过 42 万亿元,被誉为中国的"科威特"。神府煤田是世界七大煤田之一,其中煤炭预计储量 2 714 亿 t,探明 1 660 亿 t,属特低灰、特低硫、特低磷、中高发热量的优质环保动力煤和化工用煤。因资源储量大,品质优,组合配置条件好,开发前景广阔,神府煤田已成为我国新兴的能源化工基地和 21 世纪重要的能源接续地。

陕北地区已经建成府谷火电工业区、鱼米绥盐化工工业区、延安石油化工区、靖定石油化工区、榆神煤化学工业区、榆横煤化学工业区和陕北商品煤产能区 7 个工业园区,形成年产 8 000 万 t 煤、65 亿 m³ 天然气、1 300 万 t 油的生产能力,成为我国"西煤东运""西气东输""西电东送"的重要供给地,实现了从 1999 年至今国内生产总值、地方财政收入等主要经济指标以年均两位数速度增长的奇迹,初步形成了煤炭、石油、天然气、化工、电力为主的工业体系,成为陕西省经济增长最快的区域。

陕北地处半干旱、干旱地区,煤炭资源埋藏浅,大部分埋深在 100 m 以浅。埋深浅、基岩薄、上覆松散层厚、生态环境脆弱是该区煤层的典型赋存特征。2011 年陕北主要流域皇甫川、秃尾河、窟野河、无定河流域原煤产量为 30 950.04 万 t,总涌水量为 17 440.85 万 m³。采空区面积由 1991 年的 52.98 km² 增加到 2011 年的 509.24 km²。陕北地区在最近 10 年内增长的采空区面积相当于过去几十年的 10 倍。煤炭资源大规模开发,不可避免地会引起煤层上覆岩体的移动、冒落、裂隙的产生以及破断,导致地下水位下降,泉水、湖淖干涸,甚至对河川径流造成较大影响,水资源匮乏现象突出。

陕北人均水资源量为 736 m³,仅占全国人均占有量的 29.4%,属重度缺水地区。由于植被覆盖率低,丘陵沟壑纵横,降水时空分布不均,区内水土流失严重,河川径流变差大,水资源利用难度大。陕北地区多年平均水资源总量为 40.4 亿 m³,地表水资源量 31.4 亿 m³,地下水资源量 21.4 亿 m³,可利用总量为 18 亿 m³。1980 ~ 2010 年间陕北地区的总用水量由原来的 5.77 亿 m³ 增加到 2010 年的 9.27 亿 m^3,增加了 61%。30 年来陕北地区的用水结构也发生了较大的变化,工业用水由 0.15 亿 m^3 增加到 2.05 亿 m^3,增加了近 13 倍,所占比例由 2.6% 增加到 22%;农业用水量由原来的 5.04 亿 m^3 增加到 5.97 亿 m^3,变化不大,但是所占比例由 87% 减少为 64%;生活用水量也在增加,所占比例变化不大。

据《榆林市水资源规划》(2007 年 6 月),陕北能源化工基地 2005 年用水量 4.441 亿 m^3,各项供水工程供水能力 5.524 亿 m^3。2010 年需水量为 8.875 亿 m^3,其中生活需水量、生产需水量、生态需水量分别为 0.325 亿 m^3、8.30 亿 m^3、0.250 亿 m^3;2012 年实际利用量达到 9.96 亿 m^3,利用潜力 8.04 亿 m^3。据预测,2015~2030 年陕北地区水资源需求量将从 18.3 亿 m^3 增加到 32.5 亿 m^3,远超现状水资源可利用量。如按现状可供水量进行水资源的一次供需分析,2015 年将缺水 8.34 亿 m^3,2020 年缺水量为 17.04 亿 m^3,2030 年缺水量为 22.54 亿 m^3,缺水程度将达 69.4%(李琦等,2014)。当前,陕北的工业用水已经挤占了部分农业用水和生态用水。随着在建项目达产,2015 年 GDP 将达 8 000 亿元,水资源远不能满足需求,贫乏的水资源供给与高速发展的能源基地水需求之间的矛盾已成为制约陕北地区发展的"瓶颈"。

1.2　研究的必要性

"水是人类赖以生存的重要保障资源,是社会经济发展的关键因素之一"。水既是维持自然环境正常状态的基本要素,又是战略性资源,正影响着全球环境与发展。在全球气候变化的背景下,人类活动(水土保持、煤炭开采、水利工程建设、地下水开发利用等)作为一种强大的营力,在时间和空间上引起了水文要素的变化,并最终导致水循环过程和水资源量的变化。

20 世纪 90 年代以来,黄河中游河川径流量不断减少。20 世纪 80 年代中后期开始的高强度的煤炭开采成为黄河一级支流窟野河、皇甫川等河川基流量衰减乃至断流以及地下水位下降,泉水、湖淖干涸的主要原因。例如,张家峁井田内有 115 处泉水,采煤后 102 处干涸,总流量衰减 95.8%;神木北部一带湖淖数量由开发前的 869 处减少到 2008 年的 79 处;双沟泉域中心地带地下水位下降 8~12 m;萨拉乌苏组地下水全部疏干。随着榆神矿区煤炭资源的开发,以锦界为代表的千万吨级特大型矿井建成、投产,秃尾河流域煤炭资源开发势头强劲,秃尾河是否同样面临断流的威胁,成为国内外学者和流域管理部门关注的热点之一。因此,开展煤炭开采对河川径流的影响研究,在黄河中游河川径流锐减驱动力及人为调控效应研究中,具有重要的理论和实践意义。

秃尾河是黄河中游右岸的一级支流,也是神木县工农业生产、生活、生态环境维系的重要水源。秃尾河流域是榆神矿区的重要组成部分,流域内煤炭资源丰富,主要分布在北部风沙区,具有埋藏浅、开采条件好、煤质优等特点。20 世纪 90 年代以来,秃尾河流域加快煤炭资源开发力度,锦界、凉水井等千万吨级大型骨干矿井的建成、投产,马王庙、香水河、河兴梁、朱家塔等秃尾河沿岸煤矿也已列入榆神矿区二期规划,流域内煤炭资源开发势头强劲。但其地处毛乌素沙地和陕北黄土高原的接壤地带,降水稀少,蒸发强烈,水资源短缺,生态环境脆弱,煤炭开采导致地表水和地下水漏失,进一步加剧煤水矛盾。近年来,高强度的煤炭资源开发,秃尾河河道径流减少趋势更为显著,煤水矛盾更加突出。秃尾河河川径流作为建设陕北能源重化工基地的重要水资源,它是否成为继窟野河之后,因煤炭资源大规模开发而面临断流的又一条河流,引起国内外学者的关注。

地下采煤过程中每个煤矿、每个井田岩层的性质、结构等复杂多变,与地表水、地下水的联系各具特色,且煤炭开采方法多变,这些因素涉及煤炭地质学、水文地质学、水文水资源学、环境科学等多学科知识,学科之间的交叉与融合也是科学研究中最活跃的部分之一,其研究必然推动相关领域的发展。

因此,本书结合国家"十二五"科技支撑计划项目"头龙间 – 泾河流域煤矿开采对河川径流的影响评价"(No. 2012BAB02B0403),"锦界煤矿开采对区域水资源影响专题研究"及中央分成水资源费项目"黄河流域非常规水资源调查及开发利用分析"(No. 1261220162511),重点调查秃尾河流域水资源开发利用状况和流域煤矿开采历史现状,并以秃尾河流域 – 锦界煤矿为例,在秃尾河流域径流演化特征分析的基础上,进行河川径流渗漏危险性分区、地表水 – 地下水耦合模拟,情景模拟和开采沉陷预计,煤炭开采对秃尾河径流的影响评价研究,以期为缓解高强度煤炭资源开发引起的水资源问题提供依据,也为黄河水资源管理提供技术支撑。

1.3 国内外研究现状

1.3.1 径流变化特征及驱动力研究

人类活动(水土保持、煤矿开采、地下水开发利用等)作为变化环境的重要组成部分,其变化必然引起水文系统内一系列响应,最终导致河川径流量时空变化。因此,合理评价人类活动对水资源的影响,尤其是对河川径流量的影响显得尤为重要,成为目前水文学研究的热点之一。目前,对其研究概括起来主要分为以下两个方面:

（1）水文序列变异规律：为量化人类活动对水资源的影响程度，主要对序列的趋势性、周期性和突变性进行检测，分析其演变规律和发展趋势。目前，国内外主要采用一种或多种参数、非参数检验方法对径流序列的趋势性或突变性进行检验，找到水文序列前后变化不一致的突变点。参数方法主要包括：t 检验法、F 检验法、滑动 F 检验法等。非参数检验方法主要包括：Mann Kendall（简称 MK）法、Pettitt 法、Lee - Heghinian 法、Yamamoto 法、Hurst 系数法、小波分析法、有序聚类法等。与参数方法相比，非参数检验方法无须预先设定序列样本的总体分布，对总体所加的条件较少，更加简单、实用，在各流域得到广泛应用。张建云等采用 MK 法研究了中国六大江河的年径流量变化；周园园等采用 MK 检验法、Pettitt 法、有序聚类法、Lee - Heghinian 法、Yamamoto 法等方法检验无定河白家川站（1956～2009 年）径流序列的突变性；高忠咏等利用 MK 检验法和小波理论分析了秃尾河流域的径流变化趋势；杨筱筱等采用 MK 检验法、有序聚类法、Lee - Heghinian 检验法、R/S 检验法等方法诊断秃尾河径流（1956～2004 年）序列的变异性；鉴于 MK 和 Pettitt 等非参数检验方法是在一定显著水平，识别与检验时间序列变异程度。在一定置信区间内，通过统计量值的计算，判断趋势或跳跃变化，当序列长度超过一定范围，其显著性受到影响。Charles Rouge 等提出通过 MK 法和 Pettitt 法的耦合（简称 MK - P），判定水文序列的趋势或跳跃变化，并利用美国 1 217 个水文气象站降水、气温等气象要素序列资料进行验证。结果表明：MK - P 法是一种对水文序列长度要求不高的有效检验方法，该方法在窟野河流域得到了应用。检验方法的改进和综合运用促使水文序列的检验趋于成熟和完善。

（2）驱动力分析：根据流域大小和人类活动强度不同，学者们多采用相似降雨对比法、相似流域对比法、分项计算组合法计算人类活动对河川径流的影响。相似降雨对比法要求长系列的降水资料，在相似降水条件下，分离气候变化和人类活动对径流量的影响，存在难以获取相似降水条件（雨量、降雨强度及其时空演化特征）的问题。相似流域对比法是在参照流域选择基础上，选取与其极为相似的对比流域，在对比流域内进行一定规模的人类活动，通过对比流域与参照流域的对照，分离人类活动的影响量。参照流域选择试验成本较高，目前仅应用于小流域。分项计算组合法是研究水土保持、煤矿开采、水利工程等综合人类活动作用对河川径流量的影响，实际应用中因计算量大、尺度转换等问题，很难将小试指标向中大尺度流域拓展应用。鉴于上述方法存在的问题，国内外学者进一步提出了利用水量平衡法、降雨径流模型还原法、综合修正法等径流还原技术还原天然径流量，评价气候变化和人类活动对河川径流量的影响。降雨径流模型是根据水文循环规律建立的，降雨径流也是水文循环中最重要的关系之一，该模型得到广泛应用。林启才等利用降水径流双累计曲线,研究了宝鸡峡引水对渭河径流量的影响。Siriwardena 等采用降水径流模型,研究澳大利亚 Comet 河流域森林覆盖转化为耕地或草地对径流的影响。孙天青等利用降水—径流双累计曲线,定量计算人类活动对秃尾河径流量的影响。因降水径流模型不能真实地反映下垫面条件的变化,张建云等提出采用流域水文模型模拟降水、径流、蒸发等水循环过程,量化气候变化和人类活动对河川径流的影响。林凯荣等运用改进的 SCS 模型,定量分解气候变化及人类活动对东江流域径流量的贡献率。流域水文模型具有物理概念明确、模拟精度较高等优点,应用更为广泛。

1.3.2 煤炭开采对水资源影响分区

自 1916 年日本海下采煤致使裂隙水涌入矿井,淹没矿井,造成 237 人死亡后,水体下采煤逐渐受到人们重视。随后,俄罗斯开展了国家水文地质调查,建立了一系列国家级地下水观测点,并针对重点区域建立地下水自动管理系统,实现了对涉及国家命脉的重点能源基地和工业园区水体的监测。自 20 世纪 70 年代,因煤炭开采引起河川断流、生态破坏等问题,美国开始统筹研究煤矿开采、工农业生产等与水资源的相关问题,一系列定量评价和管理含水系统的模型得到开发和应用。澳大利亚研究和论证了距水体 400 m 的层位采煤的可行性。

针对我国煤矿开采复杂多样性,开展的水资源保护研究始于山西省阳泉矿务局。1984 年提出"排供结合"后,在"中国北方岩溶及其水资源合理开发利用"项目中,利用排供结合技术对北方矿区水资源保护问题进行了探讨。1994年范立民在陕北侏罗纪煤田勘探中提出采煤过程中注重对萨拉乌苏组地下水的保护,并讨论采煤对其影响,即最初的"保水采煤"思想。1996 年煤炭部重点科研计划"中国西部侏罗纪煤田(榆神府矿区)保水采煤与环境地质综合研究"中首次明确使用"保水采煤"一词。李文平、叶贵钧等基于保水采煤的思想,根据上覆基岩的空间分布及其组合形态,把陕北浅埋煤层上覆岩层划分为五类,即为砂基型、砂土基型、土基型、基岩型及烧变岩型。2003 年钱鸣高院士提出绿色开采的概念及其技术体系。保水开采是绿色开采技术体系的重要内容之一,其中包含水资源有效保护、水资源合理开发和高效利用等多重内容,不仅要把煤炭开采过程中防治水与水资源的有效保护结合起来,还要将水资源的合理高效利用与生态环境保护结合起来,实现两种资源的协调、合理开发利用与水生态环境的有效保护。

石晓枫等选择五个影响因素(水文地质条件、水位恢复情况、径流改变、水资源漏失、对当地水源地的影响)将煤炭开采对地下水资源的破坏级别分为轻微、中等、严重三类。邵改群根据山西煤矿开采的实际,综合考虑水文地质条件、排水量大小、地面塌陷程度等因素,把山西省煤矿开采对地下水影响分为轻微影响区、明显影响区和严重影响区三类。王双明等根据榆神府矿区含隔水层的空间分布特征、采动对地下水位影响程度,将生态脆弱区的煤炭开采划分为自然保水开采区、可控保水开采区、保水限采区和无水开采区四种类型。王应刚等按照位置不同把襄垣县煤矿开采对地下水影响分为 3 个区域,即为井田内开采区、井田内未开采区及井田外地区。李七明等根据华北煤层分布区与岩溶水补给区、径流区、排泄区的相对位置关系,岩溶水补给、径流、排泄特征,将华北煤田采煤对岩溶含水层破坏类型归纳为 3 种类型,即直接破坏型、间接破坏型和无影响型。常金源等将岩土体发育厚度、导水裂隙带发育高度等作为分区因子,并结合神南矿区地形地貌特征,将煤层采动对浅层地下水,尤其是第四系潜水的影响程度划分为 6 个区,分别为梁峁漏失区、梁峁无影响区、严重失水区(砂层)、一般失水区(砂层)、轻微失水区(砂层)和风沙滩地无影响区。Booth 对美国伊利斯诺州的长壁工作面开采后上覆砂岩含水层的水位、渗透性、储水能力等的变化进行监测,依据不同区域开采后水位恢复过程变化规律,归纳出不同区域地下水位在长壁开采条件下的可恢复性。

1.3.3　地表水 - 地下水耦合模拟

在全球气候变化背景下,随着煤矿开采、水土保持等人类活动强度的增强,整个水循环系统的联系更加密切,致使变化环境中地表水和地下水转化与反馈更加频繁。但由于水文系统自身的复杂性,地表水和地下水的运动状态、介质空间不同,二者分别在各自领域相对独立的发展。随着人类活动的加剧,整个水循环系统的联系更为密切,已经到了需要将地表水和地下水耦合起来进行研究的阶段。耦合模型能够考虑各种复杂条件下地表水和地下水的转化规律,因此应用较为广泛。

国内外学者针对现实特定条件概化,建立耦合模型。模型概化需遵循以下原则:①能够反映各种水文和水文地质过程;②模型解算方法合理;③模拟尺度转换更加灵活;④利于模型模块的扩充和兼容;⑤模型实例应用性强。在上述原则的指导下,国内外学者建立并应用的地表水和地下水耦合模型包括:MODFLOW 模型、MODBRANCH 模型、SWATMOD 模型、GSFLOW 模型和MIKE - SHE、LL - Ⅱ分布式水文模型等。

(1)MODFLOW 模型由美国地质调查局基于矩形的有限分差程序设计和研发的分布式模型。模型主要应用于一维固定河道宽度、地表水滞留的地表水流量及地下水动态分析中。但在逼近河流不规则几何形态方面缺乏灵活性,特别是在处理河流汇流系统时更显得简单有余,灵活不足,模拟精度受到一定影响。

（2）MODBRANCH 模型将一维明渠不稳定地表水模型 BRANCH 和三维 MODFLOW 相耦合，对河流 - 含水层相互作用的模拟功能比 MODFLOW 更完善。此外，MODBRANCH 中地表水和地下水模拟的时间尺度要求比较低，模拟过程中地下水的时间尺度甚至可以是地表水时间尺度的好几倍。因此，模型建立过程中需要的数据量相对较少。

（3）SWATMOD 模型由美国农业部农业研究局和美国地质调查局共同研发。SWAT 模型是具有很强物理机制的半分布式水文学模型。它不仅能够模拟分析灌溉、施肥和耕作措施对农业生产和水资源的影响，且能反映复杂含水层系统中地下水的动态变化。张学刚等利用 SWATMOD 耦合模型，计算徐州市张集地区地下水变化。结果表明：耦合模型能准确模拟和预测该地区的地下水水情及其地表水和地下水之间的相互作用。

（4）GSFLOW 模型由美国地质调查局在 PRMS 系统的基础上，耦合 MODF-LOW 2005 而成。该模型不仅考虑了气候条件、地表径流等与地表水的关系，还考虑了地下径流、溪流、湖泊、湿地等与地下水之间的补给、排泄关系，可用于水资源管理与评价、地表水与地下水联合调度。

（5）MIKE - SHE 分布式水文模型由丹麦水利研究所研发，可用来模拟水流运动、水质、泥沙的输移等几乎所有陆地水循环系统的水文过程。模型结构：平面上，将整个流域划分为矩形网格，进行水文气象等数据的处理；在垂直面上划分不同水平层，以反映不同层的水分运动。采用有限元方法处理地表水、地下水运动的数学模拟问题。模型采用较严格的水动力学瞬变过程中偏微分方程描述水文过程，模型建立过程中对数据量和数据的精度要求较高，且某些数据要求是瞬变的。因此，模型的建立和率定耗时、耗力，应用受到一定限制。Graham 等应用 MIKE - SHE 模型分析丹麦 Karup 流域 440 km^2 面积，水量和地下水位变化，并进行了率定和校验。

（6）LL - Ⅱ分布式水文模型是武汉大学李兰教授基于山坡产流理论和水动力学方程，考虑坡面流、壤中流和地下径流等产流成分开发的。首先，模型在垂直方向上把土壤划分为三层；其次，根据水量平衡原理分别计算各分层的坡面流、壤中流和地下径流；再次，在水平方向上推导出的坡面流、壤中流、地下径流和河网汇流方程，依次演算到每层每个单元网格结点上。因此，该模型不仅能模拟地表水和地下水的流量过程，还能耦合模拟总径流过程。李艳平等把 LL - Ⅱ模型应用于天福庙水库流域日入库径流过程，进行连续耦合模拟、预测，取得了较好的模拟效果。

胡立堂等根据耦合过程中主要研究对象不同，将耦合模型分为地表水模型包容地下水模块型、地下水模型包容地表水模块型、地表水和地下水模型双向兼容型。根据耦合过程中解算方法的不同将耦合分为五种类型,分别为分离型、相关分析型、线性入渗/排泄型、线性水库型和达西定律型。王蕊等根据模型耦合方式不同,把耦合模型分为松散耦合模型、半松散耦合模型和紧密耦合模型三种类型。指出四水转化模型为松散耦合模型;SWATMOD、GSFLOW 模型等属于半松散耦合模型;MIKE – SHE、MODBRANCH 模型属于紧密耦合模型。紧密耦合模型,如 MIKE – SHE 系列模型较完善,但对数据的精细度要求较高,实际中难以满足模型模拟精度要求;半松散耦合模型,如 SWATMOD 模型,模拟精度虽不如前者,但模型建立较容易,参数的识别和率定较简单,具有较高的应用灵活性,应用较为广泛。

　　长期以来,耦合模型中,如:流域水文模型(SWAT)将地下水概化为线性水库,而地下水模型(MODFLOW)无法处理复杂的降雨、蒸发等空间信息,只能采用估算方式简化对地下水的补给,且缺乏对地表水文过程的模拟。这些对水循环系统内部某些水文过程的简化,可能影响水循环过程的完整性,甚至可能导致水循环系统内部某些水文过程之间相互反馈作用的缺失,由此导致模拟误差增大。因此,如何更精确地进行地表水水文过程与地下水动力过程的耦合模拟,成为水文学和水文地质学研究的热点之一。

　　鉴于 SWAT 和 MODFLOW 这两类模型在耦合过程中存在模拟空间尺度不一的问题,Perkins 修改了 SWAT 源代码,并借助 GIS 将每个 HRU 与其所对应的地下水模型网格联系起来,将 SWAT 模拟的地下水补给量转换为 MODFLOW 所需的尺度。刘路广等根据 HRU 的定义,利用 ArcGIS 确定了 SWAT 模型中 HRU 的空间位置,将 SWAT 模型中的 HRU 与 MODFLOW 中差分网格相对应,解决了计算单元不匹配的问题,并将 SWAT 模型中地下水补给量计算值加载到 MODFLOW模型的地下水补给模块,实现了灌区地表水 – 地下水分布式模拟模型的耦合,推动了 SWATMOD 模型从自然流域向人类活动影响较大区域的发展。

1.3.4　煤炭开采对河川径流的影响评价

　　煤矿开采改变了原有的补给、径流、排泄条件,对区域内的水文地质条件、水循环和水资源量产生较为明显的影响。由此引发的水资源问题日益突出,引起国内外学者的关注。

　　国外学者主要从水文地质效应、水文地质条件变化及不同开采方法等方面研究煤矿开采对水资源的影响。Booth 等研究煤炭生产过程中破坏含水层,导致矿区水文地质条件的变化,并提出了"水文地质效应"。Coe 和 Stowe 等研究煤炭开采导致的地面塌陷对区域水平衡的影响及引起的水文地质条件变化;Sidle 等研究犹他州长壁开采对地貌和水文过程的影响,研究表明煤矿开采一年后地面沉降 0.3~1.5 m,并对周围河道径流产生了一定的影响;Booth 分析了煤炭开采对上覆含水层的影响,结果表明煤矿开采严重影响了垂直区域的水文地质条件,基岩下陷导致含水层水力压迫条件发生改变,而引起上覆含水层大量失水。Choubey 利用水文地质概念模型模拟印度 Jharia 煤矿开采对水文地质条件和环境的影响,表明煤矿开采导致地下水的流入,影响上覆含水层的地下水位。Booth 等对美国伊利斯诺州的长壁工作面上覆砂岩含水层的水位进行观测,系统地研究了煤层开采后地表的沉陷特点,以及由此引起的砂岩含水层水压、渗透性、储水能力及水理性质的正面和负面变化。Shepley 等以减轻煤矿开采对地表水环境的影响为目标,研究了地表水和地下水的相互作用。研究表明,煤炭开采增加了含水层的渗透率,导致地下水位下降。

国内学者分别从影响机制、影响途径、影响量(数理统计、数值模拟)等方面评价煤矿开采对河川径流量的影响。曾庆铭等研究山东省煤矿开采对河川径流的影响机制。研究指出:采煤过程产生的地裂隙、塌陷坑可能与下部导水裂隙带贯通,地表水、地下水与矿井水直接发生水力联系,造成地表水大量渗漏,河川径流量明显减少,甚至断流、干涸。张发旺等以神府东胜矿区为研究对象,研究采煤塌陷对地表水、地下水、包气带水及水质的影响。研究表明,采煤塌陷主要通过两种途径影响地表水体:①通过减少降水入渗补给量和减少地下水的侧向补给量,消减地表水体的补给源;②通过地裂缝、塌陷坑等截取地表水体径流。消减补给源是采煤沉陷消减地表径流的最重要途径。

张思锋等应用改进后的多元回归模型,建立煤炭开采与乌兰木伦河流径流量相关关系的代数表达式。结果表明:在影响乌兰木伦河径流量变化的诸多因素中,采煤活动占 77.3%,其中矿井疏排水量占 24.8%,采煤塌陷占 52.3%。杨泽元等以安全地下水位为目标,探讨了地下水位埋深与河湖基流量之间的关系。研究表明:秃尾河基流变化量与流域地下水位埋深变化量之间呈显著线性关系。李振拴采用动、静储量破坏评价方法,计算山西省煤炭开采以来被破坏的地下水动、静储量。蒋晓辉等运用 YRWBM 模型研究窟野河流域煤炭开采对水循环的影响,指出煤炭开采是窟野河径流变化的一个重要原因。1997~2006 年窟野河煤炭资源开采减少水资源量为 2.9 亿 m³/a,占该阶段径流变化的 54.8%。武雄等运用模拟软件中的弹塑性模型和流变模型及概率积分法,开展煤层开采对西泗河左大堤安全的影响评价,初步提出西泗河左大堤受采动影响的抗变形控制指标和折减指标。骆祖江等通过建立地下水开采与地面沉降三维全耦合数学模型,模拟河北省沧州市地下水开采引起的地下水渗流场、地面沉降、地裂缝发生、发展趋势。高业新利用 MODFLOW 模型进行抽水试验水位-降深模拟,并利用求得的水文地质参数计算不同层位含水层组地下水的补给来源。

1.4 本书主要研究内容及技术路线

1.4.1 主要研究内容

本书主要研究煤炭开采对河川径流的影响,主要内容安排如下:

(1)基于秃尾河高家川水文站(1956~2012年)日径流数据,分析秃尾河流域径流的趋势和突变特征;采用递归数字滤波法进行基流分割,研究基流的趋势性、持续性、多时间尺度周期变化和突变特征;进一步探讨影响径流演变的因素;最后,采用累积斜率法(SCRAQ法)定量分解气候变化和人类活动对径流的影响量和影响比例。

(2)依据研究区松散砂层、土层、岩层发育分布特征,总结归纳煤层上覆岩土体组合方式;研究适用于研究区的导水裂隙带发育计算公式,计算导水裂隙带发育高度和距离地表、萨拉乌苏组潜水含水层底板的高度;结合萨拉乌苏组含水层赋存特征,上覆岩土体组合分类特征和导水裂隙带计算结果,进行河川径流渗漏危险分区。

(3)在对研究区水文气象、河流水系、水文地质、工程地质条件等分析的基础上,考虑地表水入渗补给的滞后性和现有RCH子程序内部实现垂向上对多层单元格补给表达这两个问题,构建基于分布式水文模型(SWAT)和模块化地下水动力模型(MODFLOW)的耦合数值模型(SWATMOD),并将其应用于秃尾河流域-锦界煤矿采煤工程实例中。

(4)根据盘区划分、3^{-1}煤层开采接续计划及工作面开采情况,结合不同时期涌水量变化数据等,设定情景和构建情景方案。模拟不同情景方案下地下水流场、地下水位埋深、水位降深的变化;根据概率积分原理,结合工作面开采状况和接续计划,设计地表沉陷预测方案;采用MSPS沉陷预测系统模拟不同开采方案下地表移动变形情况,最终实现耦合模型和地表沉陷的叠加。

(5)在情景模拟和开采沉陷叠加的基础上,结合锦界煤矿及所在区域河流水系监测数据,综合运用数理统计、耦合模型模拟等方法,定性、定量评价煤炭开采对秃尾河径流的影响。

1.4.2 技术路线

在广泛收集和查阅前人研究成果的基础上,以水文学和水文地质学为指导,立足秃尾河流域煤矿开采历史现状、水文地质条件,分析秃尾河径流变化特征,进行河川径流渗漏危险性分区,实现地表水-地下水耦合模拟,开展不同情景方案模拟和开采沉陷预测。在此基础上,定性、定量评价煤炭开采对秃尾河径流的影响。基于上述研究内容及研究思路,本书拟采用的技术路线如图 1-1 所示。

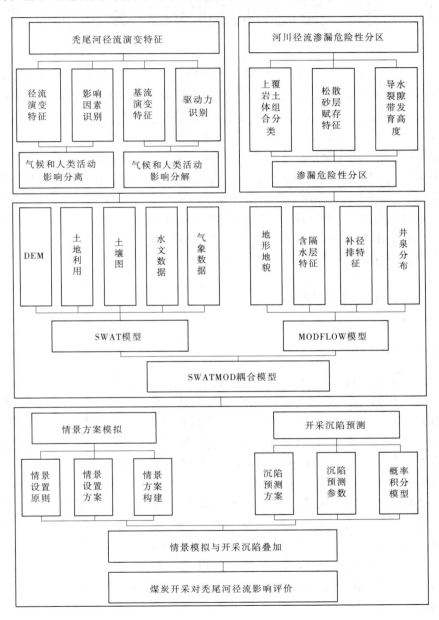

图 1-1 技术路线图

第 2 章　秃尾河径流演变驱动力分析

　　河川径流受气候、土壤、植被等自然条件以及人类活动耦合作用的影响,其演变过程既表现出确定的规律性,又有强烈的随机性。20 世纪 70 年代以来,在气候变化和人类活动共同作用下,秃尾河流域径流序列形成的物理背景发生了较大变化,径流演变的平稳性遭到破坏,从而呈现出趋势性或跳跃性变化。变化环境中,强化径流变异特征分析,加强气候变化与人类活动对水循环要素变异驱动机制研究,量化各驱动因子的相互作用,对流域水资源管理和水生态保护具有重要意义。本章基于秃尾河高家川水文站(1956~2012)年日径流数据,分析秃尾河径流变化演变特征;在探讨影响径流变化驱动因子的基础上,采用 SCRAQ(Change Ratio of Accumulative Quantity)法计算气候变化和人类活动对径流的影响量和影响比例。

2.1　秃尾河流域概述

2.1.1　自然地理

　　秃尾河流域位于陕北黄土高原北部,毛乌素沙漠南缘,西与佳芦河接壤,东与窟野河相邻,介于北纬 38°16′~39°01′,东经 109°57′~110°31′。秃尾河发源于陕西省神木县宫泊沟海子,由宫泊沟、圪丑沟两大支流于乌鸡滩汇合而成。秃尾河自北向南流经瑶镇、高家堡、高家川,于神木县万镇河口岔村汇入黄河。干流全长 139.6 km,流域面积 3 294 km²,年均流量 3.08 亿 m³,河道平均比降3.78‰。

　　秃尾河流域以高家堡为界上、下分为风沙草滩区和黄土丘陵沟壑区。其面积分别占流域总面积的 63.6% 和 26.4%。高家堡以上为风沙草滩地貌,以风沙土为主,地形平坦开阔,降雨入渗快,分布有较多的湖泊洼地,降雨绝大部分入渗到地下,经过第四系松散含水层的储存、调节后排泄于河道。高家堡以下为黄土丘陵沟壑区,长期受流水切割,梁峁沟壑比较发育,塬面支离破碎,沟壑纵横,丘陵地表植被差,水土流失严重。

2.1.2　气象水文

秃尾河流域属干旱、半干旱大陆性季风气候,四季分明,日照充足,冬季寒冷干燥少雨,夏季炎热,多雷雨,秋季凉爽,降雨稍多。多年平均气温 8.7 ℃,极端最高气温 38.9 ℃,极端最低气温 −27.9 ℃。多年平均降水量 394.4 mm,水面蒸发量 1 179.3 mm(E_{601}),干旱指数 3.0。多年平均风速 1.8 m/s,最大风速 25.0 m/s,风向 NW。无霜期 175 d,冰封期 84 d,最大积雪深度 0.12 m,最大冻土深度 1.46 m。

2.1.3　河流水系

秃尾河为黄河中游一级支流,两岸水系发育不对称,左岸支沟分布密集,右岸支沟分布稀疏。中游河系发育良好,下游切割较深,局部基岩裸露。全河一级支流 44 条,流域面积大于 100 km^2 的支流 9 条,其主要支流特征值见表 2-1。

表 2-1　秃尾河集水面积大于 100 km^2 的支流特征值

河流	集水面积(km^2)	河道长度(km)	河道比降(‰)
圪丑沟	122.21	19.3	4.64
清水沟	200.75	23.2	8.34
红柳沟	249.3	38.0	9.21
扎林川	136.56	26.9	12.7
开荒川	288.12	37.3	11.8
盐沟	116.72	22.6	13.7
钱青杨树沟	144.29	27.3	12.6
洞川沟	141.11	23.7	10.8
小川沟	145.94	23.2	15.3

2.1.4　社会经济

秃尾河流域涉及神木、佳县、榆阳 3 县(市)16 个乡(镇)。据秃尾河流域统计资料,截至 2010 年年底,流域内总人口 14.06 万人,其中农业人口 9.84 万人,占总人口的 70%。流域内地区生产总值(GDP)为 95.28 亿元,第一、二、三产业增加值分别为 1.14 亿元、65.27 亿元、28.87 亿元,三产结构比重为 1:69:30,人均 GDP 为 6.78 万元。流域内耕地面积 37.28 万亩❶,2010 年有效灌溉面积 6.87

---

❶　注:1 亩 = 1/15 hm^2。

万亩,其中农田有效灌溉面积 5.97 万亩,林地有效灌溉面积 0.9 万亩,2010 年实灌面积 6.35 万亩。

　　流域内煤炭资源丰富,主要分布于北部风沙区,具有埋藏浅、煤质优、开采条件好等优点。煤质属低灰、低硫、低磷、中高发热量、弱黏型或不黏型长焰煤,是理想的优质动力煤和气化煤。根据榆林能源化工基地总体规划,秃尾河流域将加快煤炭资源开发力度,依托流域内锦界工业区、清水煤化学工业园的规划建设,形成以煤化工和煤液化为主的重化工基地和商品煤基地。

2.2　数据来源及处理方法

2.2.1　数据来源

　　高家川站(1956～2012 年)日径流数据来源于黄河水利委员会整编的资料;面降水数据根据高家堡、高家川、凉水井、小河岔、圪丑沟、公草湾、安崖、古今滩、狗家滩等 9 个雨量站实测资料(见图 2-1),通过面积加权平均求得;潜在蒸发数据是根据国家气象科学数据共享网神木站和榆林站(1956～2012 年)日蒸发资料,参照谢贤群等研究成果,结合秃尾河流域实际,潜在蒸发量和蒸发皿蒸发量的比值取 0.52 求得;煤矿数据来源于各个煤矿生产管理部门统计数据、陕西省安监局、陕西省煤炭局等多家单位;水土保持数据源于文献[79]、[80],地下水

图 2-1　秃尾河流域水文气象站及主要煤矿

开发利用和水利工程建设数据来源于陕西省水资源公报和统计年鉴。

2.2.2　数据处理方法

2.2.2.1　MK – P 检验方法

MK – P 法是由 Charles Rouge 在 MK 法和 Pettitt 检验方法耦合的基础上,通过定义 $A(n \times n)$ 矩阵,主要对比 $s(1, \tau)$ 和 $k(\tau)$ 的变化,识别时间序列发生趋势和跳跃变化的确切时间,其原理如下。

(1)对于时间序列 $x_i(i = 1, 2, 3, \cdots, n)$,对于任意对偶值 x_i、x_j ,MK 法统计量 s 和 Pettitt 法统计量 $k(\tau)$ 及 T 分别表示为式(2-1)、式(2-2)、式(2-3),将式(2-2)代入式(2-1),即得式(2-4)。

$$s = \sum_{1 \leqslant i \leqslant j \leqslant n} \mathrm{sgn}(x_j - x_i) = \sum_{i=1}^{\tau-1} \sum_{j=i+1}^{n} \mathrm{sgn}(x_j - x_i) +$$
$$\sum_{i=1}^{\tau} \sum_{j=\tau+1}^{n} \mathrm{sgn}(x_j - x_i) + \sum_{i=\tau+1}^{n-1} \sum_{j=i+1}^{n} \mathrm{sgn}(x_j - x_i) \tag{2-1}$$

$$k(\tau) = \sum_{i=1}^{\tau} \sum_{j=\tau+1}^{n} \mathrm{sgn}(x_j - x_i) \tag{2-2}$$

$$T = \arg \max_{1 \leqslant \tau \leqslant N} \{ |k(\tau)| \} \tag{2-3}$$

$$s = \sum_{1 \leqslant i \leqslant j \leqslant \tau} \mathrm{sgn}(x_j - x_i) + k(\tau) + \sum_{\tau+1 \leqslant i \leqslant j \leqslant n} \mathrm{sgn}(x_j - x_i) \tag{2-4}$$

对于任意的 p、q ,当 $1 \leqslant p \leqslant q \leqslant n$ 时, $s(p, q) = \sum\limits_{p \leqslant i \leqslant j \leqslant q} \mathrm{sgn}(x_j - x_i)$;当 $p = 1$, $q = \tau$ 时,则有:

$$s = s(1, \tau) + k(\tau) + s(\tau + 1, n) \tag{2-5}$$

突变和趋势变化通过矩阵 A ,即

$$a_{ij} = \begin{cases} 0 & (j \leqslant i) \\ \mathrm{sgn}(x_j - x_i) & (j > i) \end{cases} \tag{2-6}$$

(2)当存在突变时, $s(1, \tau)$ 和 $s(\tau + 1, n)$ 之间不存在相关关系,因此当 $\tau = T$ 时, $E\{s(1, n) - k(\tau)\} = 0$;当发生趋势变化时,两者存在相关关系,则 $E\{s(1, n) - k(\tau)\} = \alpha \cdot \mathrm{sgn}(s)$ 。为便于比较 $s(1, \tau)$、$s(\tau + 1, n)$,引入时段 d ,并对 $k(\tau)$ 进一步分解得到式(2-7)。因此,对任意时间长度 d 有式(2-8),则 $s(T_c, d)$ 可进一步表示为式(2-9)。

$$k(\tau, d) = \sum_{i=1}^{\tau+d} \sum_{j=i+1}^{n} a_{ij} = \sum_{i=1}^{\tau} \sum_{j=\tau+d+1}^{n} \mathrm{sgn}(x_j - x_i) + \sum_{i=\tau+1}^{\tau+d-1} \sum_{j=i+1}^{n} \mathrm{sgn}(x_j - x_i) +$$
$$\sum_{i=1}^{\tau} \sum_{j=\tau+1}^{\tau+d} \mathrm{sgn}(x_j - x_i) + \sum_{i=\tau+1}^{\tau+d} \sum_{j=\tau+d+1}^{n} \mathrm{sgn}(x_j - x_i) \tag{2-7}$$

$$T_c = \arg\max\{|k(\tau,d)|\} \tag{2-8}$$

$$s = s(1, T_c) + k(T_c, d) + s(T_c + d + 1, n) \tag{2-9}$$

（3）对于任意 d 值，求出满足式（2-9）的 T_c，将（T_c，d）代入 $d_c = \arg\min_d\{d/|k(T_c,d)| > |s|\}$，当 d 大于序列变化临界值 D，则为突变；反之，则为趋势变化。

2.2.2.2 递归数字滤波

递归数字滤波是 2005 年由 Eckhardt 提出的，通过数字滤波器将信号分解为高频信号和低频信号，径流资料作为地表径流（高频信号）和基流（低频信号）的叠加，从而将基流划分出来，基流分割方程为

$$q_{bi} = \frac{\alpha(1 - B_{max})q_{b(i-1)} + (1 - \alpha)B_{max}q_i}{1 - \alpha B_{max}} \tag{2-10}$$

式中：q_{bi}、$q_{b(i-1)}$ 分别为 i 和 $i-1$ 时刻的基流；q_i 为 i 时刻实测河川径流量；t 为时间步长（d）；B_{max} 为河流的最大基流因数，秃尾河是以孔隙含水层为主的季节性河流，根据 Eckhardt，秃尾河 B_{max} 取值为 0.5；α 为退水常数，通过逐日平均流量过程线切割法，计算得出 α 为 0.935。

2.2.2.3 SCRAQ 法

SCRAQ 法是在变异点识别的基础上，分离基准期和不同人类活动时期，并以时间为自变量，径流、降水或潜在蒸发的累计量为因变量，根据不同时期径流、降水、潜在蒸发量累计斜率差值，计算降水、潜在蒸发和人类活动对径流量的影响。采用时间这一客观变量为自变量，径流累计量为因变量，与降水—径流双累计曲线相比，有效避免了变化率一致带来的误差，这一方法在黄河中游尤其是皇甫川流域得到了较好的验证。具体计算步骤如下：①根据变异点划分，通过线性回归分析得出不同时期累计径流量、累计降水量、累计潜在蒸发量的斜率值，变异点前后的径流量、降水量、潜在蒸发量累计斜率分别记为 K_{Rb}、K_{Ra}、K_{Pb}、K_{Pa}、K_{Eb}、K_{Ea}，则降水、潜在蒸发和人类活动对径流量的影响分别记为 C_P、C_E 和 C_H；②不同时期的斜率变化率为：$R_{KR} = 100\% \times (K_{Ra} - K_{Rb})/|K_{Rb}|$，$P_{KP} = 100\% \times (K_{Pa} - K_{Pb})/|K_{Pb}|$；$E_{KE} = -100\% \times (K_{Ea} - K_{Eb})/|K_{Eb}|$；③ 降水、潜在蒸发和人类活动对径流的影响比例分别为：$C_P = 100\% \times P_{KP}/|R_{KR}|$，$C_E = -100\% \times E_{KE}/|R_{KR}|$，$C_H = 1 - C_P - C_E$。

降水和人类活动对基流量的影响分离原理与径流类似，但基流受气候变化影响主要考虑基流的直接来源和间接来源——降水的影响。基流和降水的累计斜率分别记为 K_{Bb}、K_{Ba}、K_{Pb}、K_{Pa}；则降水和人类活动对基流量的影响分别记为 C_P、C_H；不同时期的斜率变化率为：$R_{KB} = 100\% \times (K_{Ba} - K_{Bb})/|K_{Bb}|$，$P_{KP} = 100\% \times (K_{Pa} - K_{Pb})/|K_{Pb}|$；则降水和人类活动对基流的贡献比例为：$C_P = 100\% \times P_{KP}/|R_{KB}|$，

$C_H = 1 - C_P$。

2.3　径流演变特征

2.3.1　径流趋势变化分析

秃尾河高家川水文站(1956~2012年)年平均径流量为 3.24 亿 m³;1956~1979 年年平均径流量为 4.10 亿 m³,比多年平均值高 26.54%;1980~1996 年年平均径流量为 3.02 亿 m³,在多年平均值上下浮动;1997~2012 年年平均径流量为 2.17 亿 m³,比多年平均值低 32.87%。可见,高家川水文站 1956~2012 年径流序列可能发生了趋势或跳跃变化。

通过线性趋势线和 5 a 滑动平均过程线(见图 2-2),初步分析 1956~2012 年径流的趋势变化。由图 2-2 可知,1956~2012 年径流序列线性趋势线和 5 a 滑动平均过程线均表明 1956~2012 年高家川水文站径流量呈减少趋势。为检验趋势变化的显著性,进一步采用 PW - MK(Prewhiting MK)法进行检验。

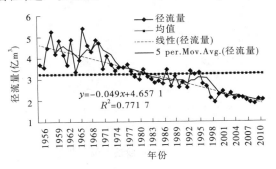

图 2-2　1956~2012 年径流变化趋势线

PW - MK 检验方法可剔除时间序列的自相关性,具体步骤如下:计算序列 X_t 在 δ 置信水平下的一阶自相关系数 r_1,并采用双侧检验进行 r_1 的显著性检验,见式(2-11)。根据式(2-11)计算得到不具有自相关性的时间序列。在此基础上,应用 MK 法检验此重组序列趋势变化的显著性。

$$X'_t = X_t - r_1 X_{t-1} \tag{2-11}$$

取显著性水平 $\delta = 0.10$,取趋势检验显著性水平 $\alpha = 0.05$,对秃尾河流域重组年径流序列进行 MK 法检验。MK 法是一种非参数检验方法,主要利用统计量判定序列有无显著趋势特征。当 Z 值为正时,表明有上升趋势;反之,当 Z 值为负时,表明有下降趋势。给定显著水平 $\alpha = 0.05$,若 $|Z|$ 值超过 1.96,说明上升或下降趋势显著。计算得出秃尾河径流序列统计量 Z 值为 -5.24,表明

1956～2012 年秃尾河流域径流量呈显著减少趋势。

2.3.2　径流突变分析

根据 MK-P 检验法原理,选取 $D/n=0.3$,判断高家川水文站(1956～2012年)径流序列发生突变的年份。结果表明,高家川水文站突变年可能在 1986～2009 年。这与 Wang S 在河龙区间径流突变的研究结论并不一致,初步认为 D 的取值直接影响检验效果。

进一步采用 Pettitt 检验法确定高家川水文站(1956～2012 年)径流的突变年(见图 2-3)。由图 2-3 可知,高家川站径流序列在 1979 年和 1996 年发生明显转折,统计量 k 分别为 781 和 751,则 $P(\tau)$ 分别为 7.35×10^{-9} 和 3.17×10^{-8} 均远小于0.5。因此,初步确定高家川水文站(1956～2012 年)径流序列突变点为 1979 年和 1996 年。这与周旭在该流域所得到的转折点基本一致,也与流域内大规模实施水土保持措施和高强度煤炭资源开发的时间基本吻合。

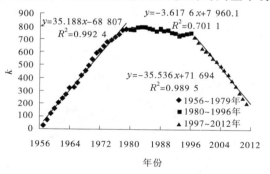

图 2-3　Pettitt 检验法 k 值变化图

综上所述,秃尾河径流序列存在两个明显变异点,流域一级突变点为 1979年,可能与 20 世纪七八十年代大规模水土保持措施有关;二级突变点出现在 1996 年,与该时期大规模的煤炭开采时间基本吻合。因此,分别以 1979 年和 1996 年为界,将秃尾河径流序列分为基准期(1956～1979 年)、水土保持期(1980～1996 年)、煤炭开采期(1997～2012 年)。

2.4　人类活动对径流的影响分析

2.4.1　驱动力分析

不同时期秃尾河流域各项人类活动调查表明,人类活动对径流的影响作用主要体现在水土保持、煤炭开采、地下水开发利用及水利工程建设等方面。

2.4.1.1　水土保持对径流变化的影响

秃尾河径流量减少可能与水土保持,尤其是林草地面积的快速增加有关。20 世纪 70 年代末流域开始大规模水土保持工作,水土保持面积由 1979 年的 229.15 km²增加到 1996 年的 1 140.93 km²,占流域面积的比例由 7%上升到 35.1%。林草地面积所占比例由 1979 年的 5.82%增加为 1996 年的 32.58%。黄河水利委员会绥德水土保持试验站观测资料表明,当林地盖度分别为 30%、50%、70%时,减少地表径流量为 53%、86%、94%。因此,20 世纪 70 年代以来,尤其是 1979 年以后大规模的水土保持措施,可能是导致秃尾河径流发生突变的主要原因。

2.4.1.2　煤矿开采对径流变化的影响

20 世纪 90 年代,尤其是 1996 年之后,秃尾河流域煤矿开采量和采空区面积不断增加(见图 2-4)。采煤塌陷形成的地裂缝一方面使降雨补给向下渗漏,消减地表径流。另一方面,导水裂隙带发育至第四系含水层,造成潜水位大幅度下降,泉流量减少,甚至干涸,引起河流的侧向补给量减少。因此,高强度的煤矿开采成为秃尾河河川径流在 1996 年发生突变的一项重要原因。

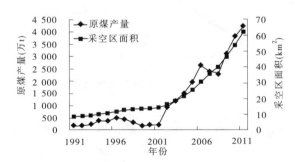

图 2-4　1991~2011 年原煤产量与采空区面积变化曲线

2.4.1.3　地下水开发利用对径流的影响

秃尾河流域地下水开发是导致秃尾河径流减少的另一原因。秃尾河径流 68%主要来自地下水的补给,随着流域经济快速发展,流域用水量不断增加,地下水的供水量由 2006 年的 8.31 万 m³,增加到 2010 年的 8.84 万 m³,并持续增加。地下水开采过程中宜采用引泉开采的,而采用分散井或集中水源地开采。地下水开采量的增加和不合理的开发利用,消减地下水对径流的补给。

2.4.1.4　水利工程建设对径流变化的影响

秃尾河流域一系列水利工程设施(如 2003 年 9 月建成的瑶镇水库和 2008 年 10 月建成的采兔沟水库)的建成和运行,在改变径流时间分配的同时,影响到水文监测断面的实测径流量。

综上所述,秃尾河流域 20 世纪 70 年代末以来的大规模水土保持措施和 20 世纪 90 年代中后期高强度的煤炭开采可能是导致秃尾河流域径流减少和突变的两个重要原因。另外,地下水开发利用、水利工程建设的影响也不容忽视。

2.4.2　不同人类活动时期对径流的影响分离

以高家川水文站径流、降水和潜在蒸发为研究对象,以突变检验结果为依据,通过线性回归计算不同时期各要素累计变化斜率及比例,见图 2-5。按 SCRAQ 法原理及计算步骤,进行流域人类活动和气候变化对径流影响的分离,具体分离结果如表 2-2、表 2-3 所示。

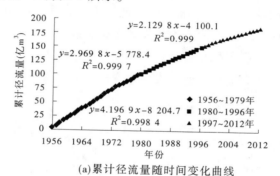

(a)累计径流量随时间变化曲线

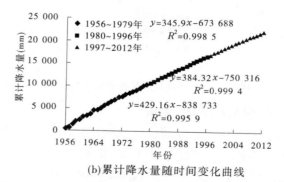

(b)累计降水量随时间变化曲线

图 2-5　不同时期累计径流量、降水量、潜在蒸发量随时间变化曲线

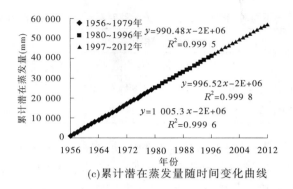

(c)累计潜在蒸发量随时间变化曲线

续图 2-5

表 2-2 不同时期累计径流、降水、潜在蒸发随时间变化量及变化率

研究对象	不同时期	变化量及变化率	1956 ~ 1979 年	1980 ~ 1996 年	1997 ~ 2012 年
径流		累计斜率	4.196 9	2.969 8	2.129 8
	与基准期相比	变化量(亿 m³/a)		− 1.227 1	− 2.067 1
		变化率(%)		− 29.24	− 49.25
	与水土保持期相比	变化量(亿 m³/a)			− 0.84
		变化率(%)			− 28.28
降水		累计斜率	429.16	384.28	345.9
	与基准期相比	变化量(mm/a)		− 44.88	− 83.26
		变化率(%)		− 10.46	− 19.4
	与水土保持期相比	变化量(mm/a)			− 38.38
		变化率(%)			9.99
潜在蒸发		累计斜率	1 005.3	996.52	990.48
	与基准期相比	变化量(mm/a)		− 8.78	− 14.82
		变化率(%)		− 0.87	− 1.47
	与水土保持期相比	变化量(mm/a)			− 6.04
		变化率(%)			− 0.61

表2-3　不同时期气候变化和人类活动对秃尾河径流变化影响比例

站名	不同时期	与基准期相比				与水土保持期相比			
		C_P	$C_E + C_H$	C_E	C_H	C_P	$C_E + C_H$	C_E	C_H
高家川	1980～1996年	33.62	66.38	-2.99	69.37				
	1997～2012年	25.94	74.06	-3.08	77.14	11.56	88.44	-2.29	90.73

由表2-2、表2-3可知,不同时期人类活动和气候变化对径流的影响程度不同。人类活动对径流量的影响呈增加趋势,而气候变化则使径流量减少,对径流量的影响呈减少趋势。具体体现在:与基准期相比,水土保持期径流变化量为 -1.227 1亿 m³/a,变化率为 -29.24%;降水变化量为 -44.88 mm/a,变化率为 -10.46%;潜在蒸发变化量 -8.78 mm/a,变化率为 -0.87%。则人类活动、降水、潜在蒸发对径流的影响比例分别为69.37%、33.62%、-2.99%。煤炭开采期径流变化量为 -2.067 1亿 m³/a,变化率为 -49.25%;降水变化量为 -83.26 mm/a,变化率为 -19.4%;潜在蒸发变化量 -14.82 mm/a,变化率为 -1.47%。则人类活动、降水、潜在蒸发对径流的影响比例分别为77.14%、25.94%、-3.08%。与水土保持期相比,煤炭开采期径流变化量为 -0.84亿 m³/a,变化率为 -28.28%;降水变化量为 -38.38 mm/a,变化率为9.99%;潜在蒸发变化量 -6.04 mm/a,变化率为 -0.61%。则人类活动、降水、潜在蒸发对径流的影响比例分别为90.73%、11.56%、-2.29%。

2.5　基流演变特征

2.5.1　基流趋势变化分析

采用递归滤波法对日径流量进行基流分割,求得月、年基流量。通过趋势线法对1956～2012年基流的趋势变化进行初步分析,见图2-6,并借助 MK 相关检验法进行显著性检验。

由图2-6可知,1956～2012年基流序列5 a 滑动平均过程线和线性趋势线均表示为1956～2012年高家川水文站基流量呈减少趋势。采用 MK 法进一步验证减少趋势的显著性。基流量序列的统计量 $Z = -7.67$,通过 $\alpha = 0.05$ 的显著性检验,且 Z 为负值,说明1956～2012年基流量具有显著减少的趋势。

2.5.2　基流持续性特征

R/S 分析是赫斯特在大量实证研究的基础上提出的一种通过 Hurst 指数定

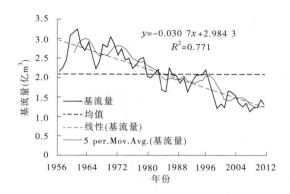

图 2-6　1956～2012 年基流量趋势线

量表征时间序列的持续性或长程相关性的方法。当 $H = 0.5$ 时,表明该序列为独立的随机过程;当 $H > 0.5$ 时,表示序列具有正持续性,未来的变化趋势与现在的变化趋势相同;当 $H < 0.5$ 时,表明序列未来的变化趋势同样受过去变化趋势的影响,但变化趋势与序列过去的变化趋势相反。从变异的角度来看,当 $H = 0.5$ 时,序列是随机的,未发生变异;当 $H \neq 0.5$ 时,表示序列发生变异,且 H 越偏离 0.5,序列的变异性越明显。

秃尾河流域 $H = 0.9446$,$R^2 = 0.9623$。根据 Hurst 指数特性得出以下两点:①秃尾河基流量的变化是一个有偏随机过程,以前的事件将影响到现在和未来,亦即未来变化趋势与其历史变化趋势具有长程相关性,过程具有正相关性,未来径流序列有进一步减少的趋势。②H 明显偏离 0.5,表示该序列发生了明显变异。

2.5.3　基流多尺度周期变化特征

小波分析也称作多分辨分析,具有多分辨率特性,在时域和频域上都具表征局部信号的能力,被公认为是继傅里叶(Foureir)分析方法的突破性进展。选用 Modet 小波为母函数,通过小波系数和小波方差曲线的分析,进而得到水文序列在多时间尺度下的周期变化规律。小波系数图主要通过小波系数的正、负值表示基流序列在该频域尺度的丰枯变化特征,小波系数为零点处可能对应该序列的变异点。小波方差图则反映水文时间序列在各种尺度下所包含的周期波动及其能量,根据其波峰所处位置可以确定水文序列中存在的主要时间周期,见图 2-7、图 2-8。

由图 2-7 可知,1956～2012 年秃尾河基流量序列具有多时间尺度周期变化特征,大中尺度振荡中嵌套较小尺度的周期振荡。1956～2012 年基流量主要存

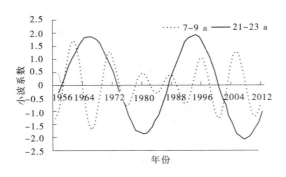

图 2-7　小波系数图

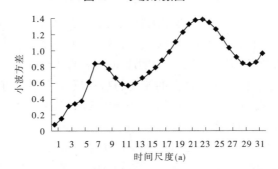

图 2-8　小波方差图

在 7 ~ 9 a、21 ~ 23 a 的两类时间尺度的周期变化,分别对应 2 次和 6 次明显的丰枯交替变化。

由图 2-8 可知,流域基流的小波方差图中有 2 个较为明显的峰值,它们依次对应 22 a、8 a 的时间尺度。22 a 尺度左右的周期震荡最强,为流域年基流变化的第一主周期,8 a 尺度为第二主周期,这两个周期的波动控制着流域基流在整个时间域内的变化。

2.5.4　基流突变分析

由图 2-6 可知,1979 年之前大部分基流量位于均值线之上,1979 ~ 1996 年在均值附近波动或低于均值,而 1996 年之后基流量值明显低于均值,说明该序列可能在 1979 年和 1996 年发生了变异。$H = 0.944\ 6$ 表明该序列发生了明显变异。小波系数在 1979 年和 1996 年穿越零点,为可能变异点。因此,进一步采用差积曲线、滑动 t 检验法、Pettitt 检验法、有序聚类法、检验信噪比(SNR)法等 5 种方法确定其突变点。

2.5.4.1　差积曲线

差积曲线亦称为累积距平曲线,曲线纵坐标最大值和最小值所对应的横坐标为可能的变异点。由图 2-9 可知:曲线中出现了两个峰值点,分别为 1979 年和 1996 年,因此 1979 年和 1996 年是可能的变异点。为验证其合理性,采用滑动 t 检验法、Pettitt 检验法等进一步分析。

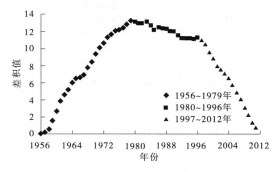

图 2-9　差积曲线图

2.5.4.2　滑动 t 检验法

滑动 t 检验法的基本思想是把一连续的时间序列分成两个子序列 x_1、x_2。构造 T 统计量,T 服从 $t(n_1 + n_2 - 2)$ 分布。若统计量 t 超过 $\alpha = 0.05$ 或 $\alpha = 0.10$ 显著性水平,可认为发生了突变。取显著性水平 $\alpha = 0.05$,$t_\alpha = 2.228$,经多次调试,确定年基流量子序列长度为 7 a,突变年份为 1979 年和 1996 年。

2.5.4.3　Pettitt 检验法

Pettitt 检验法是一种非参数检验方法,前提是序列存在趋势性变化,计算统计量 U 和 k 的变化,若 $P(\tau) \leqslant 0.5$,则认为 τ 点为显著变异点。计算 k 值见图 2-10。由图 2-10 可知,1979 年和 1996 年的统计量 k 分别为 787 和 741,则 $P(\tau)$ 分别为 5.45×10^{-9} 和 5.11×10^{-8},均远小于 0.5。因此,1956 ~ 2012 年基流序列的突变年份为 1979 年和 1996 年。

2.5.4.4　有序聚类法

由有序聚类法推求最可能干扰点 τ,其实质是求最优分割点 $S_n(\tau)$,使同类之间离差平方和最小,而类与类之间离差平方和较大。1979 年对应的 $S_n(\tau)$ 为整个序列最小值,为最可能的变异点。1979 年对应的 $S_n(\tau)$ 为局部最小值,为可能变异点,对 1980 ~ 2012 年序列进一步检验,1996 年为可能变异点。因此,1979 年和 1996 年分别为该序列最可能的突变点,见图 2-11。

2.5.4.5　Yamamoto 法

对于时间序列,人为设定一个基准年,将序列分为前、后两个子序列,若 $S/N >$

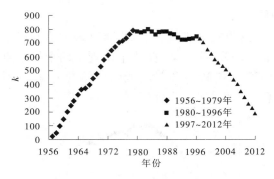

图 2-10　Pettitt 检验法 k 值变化图

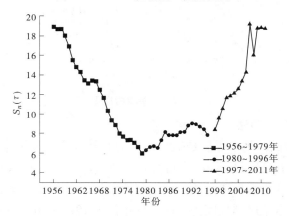

图 2-11　有序聚类法 $S_n(\tau)$ 变化图

1.0,说明前后两个子序列发生突变。在达到信度 S/N 可能连续出现的数年区间内,取最大 S/N 值作为突变年。计算结果见图 2-12。由图 2-12 可知,1979 年 S/N 为 1.40,1997 年 S/N 为 1.67。在 95% 置信度水平下,1979 年 $t=7>t(\alpha/2)=2$,为第一突变点,1996 年 $t=6>t(\alpha/2)=2$,为第二突变点。因此,1979 年和 1996 年均满足 t 检验条件,为基流序列的突变点。

　　综上所述,1956~2012 年秃尾河基流量序列存在两个突变点,分别为 1979 年和 1996 年。1979 年以前基流受人类活动影响微弱,主要受降水影响,为基准期。20 世纪 70 年代,秃尾河流域水土保持措施面积开始大幅增加,尤其在 1979 年后增加更加显著,到 1996 年水土保持面积已达到 1 140.93 km^2,占流域面积的 35.1%。因此,以 1979 年为界将基流量分为基准期、水土保持期。另外,20 世纪 90 年代,尤其是 1996 年之后,秃尾河流域煤炭开采力度不断加大,1996 年秃尾河流域原煤产量 500.25 万 t,2011 年秃尾河原煤产量 4 236.18 万 t,为 1996 年的 8.47 倍,煤炭开采逐渐成为该时期人类活动中最活跃的因子。因此,1979

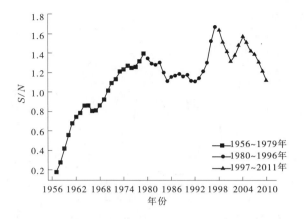

图 2-12　Yamamoto 法 S/N 变化图

年和 1996 年作为基流量的突变点是降水和不同时期人类活动的反映,并将基流量序列划分为基准期(1956～1979 年)、水土保持期(1980～1996 年)和煤炭开采期(1997～2012 年)。

2.6　降水和人类活动对基流的影响

2.6.1　基流变化驱动力分析

2.6.1.1　降水对基流的影响

根据秃尾河基流趋势分析可知,1979 年以后,秃尾河河川基流呈减少趋势,特别是 1996 年以后,基流减少趋势更加显著。结合秃尾河降水变化与秃尾河基流演化特征可知,秃尾河基流的减少是有其气候背景的,见图 2-13。降水的变化一定程度上控制着河川基流的演化趋势,但基流的变化和降水的变化并不完全一致。就降水条件看,秃尾河流域 1970～1979 年是降水偏少的年份,这一时期秃尾河基流却比多年均值偏多 22.86%,属丰水期。相反,2000～2012 年平水期基流量却比多年均值偏少 35.44%。

秃尾河基流变化呈现出多尺度周期变化和突变特征。因此,分阶段对1956～2012 年高家川水文站降水与基流进行相关分析。结果表明,1979 年以前,降水与基流相关系数为 0.27;1979～1996 年两者的相关程度继续降低,相关系数为0.002;1997～2012 年降水与基流呈现负相关关系,相关系数为 -0.08;就整个资料系列(1956～2012 年)看,两者的相关系数仅为 0.23。

综上所述,秃尾河基流的减少与降水的变化是分不开的。但相当程度上,基

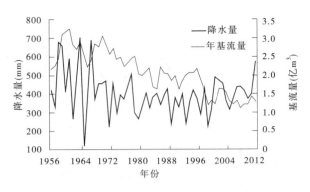

图 2-13　降水 – 基流变化图

流的演变和降水的变化并不完全一致。特别是自 1996 年后,秃尾河流域降水和基流量的相关关系明显减弱。在其他自然条件保持不变的情况下,可认为基流量的变化主要受人类活动的影响。

2.6.1.2　人类活动对基流的影响

1. 地下水开发利用对基流量的影响

秃尾河流域地下水开发利用主要是地下水的开采。地下水开采导致地下水侧向排泄量减少,从而消减河川基流量。随着流域经济的快速发展,用水量不断增加,地下水的供水量由 2006 年的 831 亿 m³ 增加到 2010 年的 884 亿 m³,并持续增加。但 2006~2010 年秃尾河流域地下水的重复利用率仅为 11.36%。地下水开采过程中宜采用引泉开采的,而采用分散井或集中水源地开采,从而对地下水流场和基流量产生较大影响。因此,地下水开采量的增加,重复利用率低和不合理的开发利用方式,是导致秃尾河河川基流量减少的另一原因。

2. 煤矿开采对基流的影响

秃尾河流域处于榆神矿区腹地,其含煤岩系延安组,煤层上覆 20~60 m 萨拉乌苏组或烧变岩含水层,其间无隔水层或仅有较薄的弱透水层,而萨拉乌苏组和烧变岩含水层是具有重要供水意义的地下水资源。20 世纪 90 年代以来,秃尾河流域煤矿开采活动日益增强,1991 年秃尾河流域矿井排水量为 129.88 万 m³,2011 年秃尾河矿井排水量为 3 418.18 万 m³,2011 年矿井排水量是 1991 年的 26.32 倍。秃尾河高家川水文站以上基流指数为 0.68,矿井涌水量的利用与消耗直接消减地下水对基流的补给。

秃尾河基流变化量与流域地下水位变化之间呈线性关系。1991 年秃尾河流域原煤产量 207.90 万 t,2011 年秃尾河原煤产量 4 236.18 万 t,为 1991 年的 20.38 倍,见图 2-14。大规模的煤炭开采,疏干浅部含水层,导致地下水位大范围持续下降 1~2 m,河川基流量明显减少。

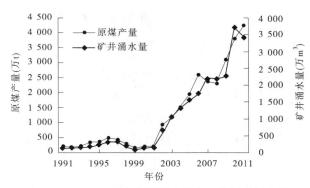

图 2-14 1991～2011 年原煤产量和矿井涌水量变化

3. 水利工程对基流量的影响

秃尾河流域修建了一系列水利工程设施,在一定程度上改变了原有的水循环过程。截至 2010 年年底,流域内主要有 2 座中型水库,分别为 2003 年 9 月建成的瑶镇水库和 2008 年 10 月建成的采兔沟水库。流域内共有 4 条引水干渠,均从秃尾河干流引水,实际引水量 1 653 万 m^3。流域内抽水站 50 座,实际抽水量 280 万 m^3/a。流域内共有机电井、多管井等 750 眼,其中农用机井占多数,包括农村人饮井,实际出水量 884 万 m^3。地表水取水工程设施大量拦蓄汛期径流,供农业灌溉和工业园区用水,使地下水出露减少,导致 8 月基流量小于多年均值。机电井、多管井等地下取水设施直接取用地下水,尤其是非汛期取用地下水用于农灌和生活用水,导致地下水位降低,基流量减少。

4. 水土保持对基流的影响

秃尾河流域水土保持以林草措施为主,林草地占水土保持面积的 80%～96%。林草地拦蓄的部分水量入渗补给地下水,地下水流入河道,作为基流量补给河川径流,使河流的径流增加。用基流指数变化反映水土保持措施对河川基流量的影响程度。20 世纪 70 年代,尤其是 1979 年以后流域内水土保持面积显著增加,水土保持期基流指数 0.657 7,而基准期基流指数为 0.651 6,相对于基准期秃尾河流域的基流指数虽有小幅度增加,但在降水量和水土保持措施综合作用下,基流量仍呈显著下降趋势。

综上所述,秃尾河基流量的变化是降水和人类活动共同作用的结果,降水与基流量的变化密不可分,但基流量的减少与降水变化并不一致,人类活动逐渐成为基流演变过程中最活跃的驱动因子。从各项人类活动可以看出,煤矿开采是导致近年来基流量显著减少的最重要原因。地下水开采量的增加,重复利用率低和不合理开采方式是河川基流量减少的另一重要原因。水利工程建设在一定程度上消减了地下水对基流的补给。水土保持在一定程度上增加了基流量,但在降水和其他人类活动共同作用下,基流量仍呈下降趋势。

2.6.2　降水和人类活动对基流的影响分解

　　根据基流突变特征和基流影响因素分析结果,通过线性回归得出不同时期基流量累计变化斜率及比例,见图 2-15(a)和表 2-4。借助 MK 检验法将降水分为两个阶段 1956 ~ 1979 年和 1980 ~ 2012 年,其累计斜率变化及比例,见图 2-15(b)和表 2-5。按 SCRAQ 法原理及计算步骤,分离人类活动和气候变化对基流的影响,具体分离结果如表 2-6 所示。

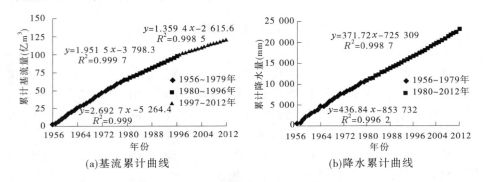

(a)基流累计曲线　　　　　　　　　(b)降水累计曲线

图 2-15　不同时期基流、降水累计曲线

表 2-4　不同时期基流累计斜率及所占比例

基流	累计斜率	与基准期相比		与水土保持期相比	
		变化量 (亿 m³/a)	变化率 (%)	变化量 (亿 m³/a)	变化率 (%)
A_B:1956 ~ 1979 年	2.692 7				
B_B:1980 ~ 1996 年	1.951 5	-0.741 2	-27.53		
C_B:1997 ~ 2012 年	1.359 4	-1.333 3	-49.52	-0.592 1	-30.34

表 2-5　不同时期降水累计斜率及所占比例

降水	累计斜率	与基准期相比		与水土保持期相比	
		变化量 (mm/a)	变化率 (%)	变化量 (mm/a)	变化率 (%)
A_P:1956 ~ 1979 年	436.84				
B_P:1980 ~ 1996 年	371.72	-65.12	-14.91		
C_P:1997 ~ 2012 年	371.72	-65.12	-14.91	0	0

表 2-6　不同时期气候变化和人类活动对秃尾河基流变化影响比例

站名	不同时期	与基准期相比		与水土保持期相比	
		C_P	C_H	C_P	C_H
高家川	1980～1996 年	54.16%	45.84%		
	1997～2012 年	30.11%	69.89%	0	100%

　　由表 2-4～表 2-6 可知,与基准期相比,水土保持期基流变化量为 -0.741 2 亿 m³/a,变化率为 -27.53%;降水变化量为 -65.12 mm/a,变化率为 -14.91%;降水和人类活动对基流的贡献率分别为 54.16%、45.84%。煤炭开采期基流变化量为 -1.333 3 亿 m³/a,变化率为 -49.52%;降水变化量为 -65.12 mm/a,变化率为 -14.91%;降水和人类活动对基流的贡献率分别为 30.11%、69.89%。与水土保持期相比,煤炭开采期基流变化量为 -0.592 1 亿 m³/a,变化率为 -30.34%;降水变化量为 0,变化率为 0;降水和人类活动对基流的贡献率分别为 0、100%。

2.7　小　结

　　(1)基于秃尾河流域(1956～2012 年)径流序列,采用预置白 MK 法、MK-P 法、Pettitt 法等检验方法,进行秃尾河径流演变特征分析。结果表明,秃尾河径流序列发生了 2 次突变,突变年为 1979 年和 1996 年,且以突变年为界将径流序列划分为基准期、水土保持期和煤炭开采期。与基准期相比,不同时期人类活动(水土保持期和煤炭开采期)对径流的影响比例分别为 69.37%、77.14%。水土保持和煤炭开采等人类活动成为影响秃尾河径流减少的重要的驱动因子。

　　(2)秃尾河基流(1956～2012 年)不仅具有持续显著减少的趋势,还具有 22 a 和 8 a 的多时间尺度周期变化特征。此外,还具有突变特征,并以 1979 年和 1996 年为突变点,并将基流量(1956～2012 年)序列划分为基准期(1956～1979 年)、水土保持期(1980～1996 年)和煤炭开采期(1997～2012 年)。与基准期相比,水土保持期降水和人类活动对基流的贡献率分别为 54.16%、45.84%。煤炭开采期降水和人类活动对基流的贡献率分别为 30.11%、69.89%。人类活动逐渐成为基流演变过程中最活跃的驱动因子。

第 3 章　河川径流渗漏危险性分区

秃尾河河川径流 68% 来自萨拉乌苏组含水岩组的补给,研究煤炭开采对河川径流的影响主要集中在对萨拉乌苏组潜水的影响。因此,本章运用地质、水文地质、工程地质、水文水资源学等学科的理论和方法,提出煤炭开采对河川径流影响的分区因子和分区标准;结合研究区松散砂层、土层、岩层发育分布等上覆岩土体组合特征和导水裂隙带发育高度计算结果,进行煤炭开采对河川径流渗漏危险性分区,并指出各分区的面积及所占比例,以期对河川径流的保护提供技术依据。

3.1　榆神矿区及锦界煤矿概况

3.1.1　榆神矿区概况

榆神矿区地跨陕西省榆林市和神木县,是陕北榆林地区能源重化工基地建设的重要组成部分。矿区地理坐标为东经 109°39′ ~ 110°30′,北纬 38°21′ ~ 38°45′,南北宽 23 ~ 42 km,东西长 43 ~ 68 km,面积为 2 625 km²。榆神矿区煤炭资源储量丰富,探明普查地质储量 301.7 亿 t。榆神矿区划分为一期规划区、二期规划区和深部扩大区三个部分。一期规划区已划分大保当、曹家滩、金鸡滩、榆树湾、杭来湾、西湾等 6 个大型井(矿)田,规划 16 个小型井田,规划建设总规模 55.0 Mt/a。二期规划区位于榆神矿区的东北部,规划区南北宽 15 ~ 45 km,东西长 30 ~ 35 km,面积 960 km²,规划煤炭地质储量为 55.4 亿 t,规划建设规模 16.55 Mt/a;榆神矿区二期规划区内共规划大型矿(井)田 2 个,小型矿井 1 个,备用井田 2 个,小煤矿集中开采区 7 处。截至 2010 年年底,榆神矿区内两对大型骨干矿井——锦界矿井一期工程和凉水井矿井均已建成投产,其余矿井尚未进行大规模开发。

3.1.2　锦界煤矿概况

锦界井田位于榆神矿区东部,是榆神矿区二期规划区内开发建设的第一对特大型矿井。井田地处陕西省榆林市神木县瑶镇乡和麻家塔乡境内,行政区划隶属陕西省榆林市神木县瑶镇乡管辖。地理坐标为东经 110°06′04″ ~

110°24′26″,北纬 38°46′32″~38°53′15″。井田北与神东矿区相接,东与凉水井井田毗邻,西与榆神矿区一期规划区隔河相望,南与锦界小煤矿开采区为邻,见图 3-1。井田东西宽 12.29 km,南北长 12.42 km,面积 141.77 km²,含煤地层属侏罗系延安组,主采煤层为 3⁻¹、4⁻²、5⁻² 三个煤层。矿井建设规模为 10.0 Mt/a,其中初期为 3.0 Mt/a。井田范围内资源量为 20.33 亿 t,可采储量为 13.41 亿 t。按 10.0 Mt/a 计算,设计服务年限 112 年。

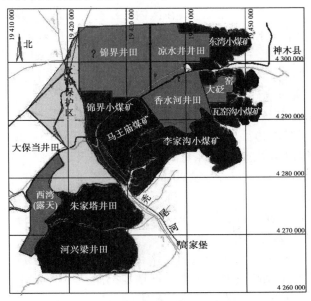

图 3-1　锦界煤矿在榆神矿区中的位置

　　锦界煤矿目前主采煤层为 3⁻¹ 煤层,该层位于延安组第三段顶部。上距 2⁻² 煤层平均 31.32 m。全区大面积可采,可采面积 134.654 km²。煤层稳定,倾角平缓(<3°),埋藏深度一般为 100~150 m。煤层特征主要为浅埋深、基岩薄、厚松散覆盖层,属典型的浅埋煤层。

3.2　锦界井田水文地质条件

3.2.1　地层岩性

　　据地质填图及钻孔揭露,井田地层由老至新依次为:侏罗系中统延安组(J_{2y})、直罗组(J_{2z}),第三系上新统保德组(N_{2b}),第四系中更新统离石组(Q_{21}),第四系上更新统萨拉乌苏组(Q_{3S})、全新统冲积层(Q_4^{al})及风积砂层(Q_4^{eol})。

(1)侏罗系中统延安组(J_{2y})。

该地层为本区含煤地层,全区分布,未出露,与下伏地层呈平行不整合接触,上部地层均有不同程度缺失,残存厚度 112.34 ~ 191.10 m,一般 170 m,总体趋势东南、西北较厚,青草界沟一带和东北角较薄。该组岩性以灰色粉砂岩、岩屑长石砂岩及钙质砂岩为主,局部地段夹有透镜状泥灰岩及黄铁矿结核。

(2)侏罗系中统直罗组(J_{2z})。

除青草界沟一带剥蚀外,该地层在区内广泛分布,仅在青草界小沟脑、J405 孔及呼家圪堵一带零星出露,厚度为 0 ~ 103.85 m,平均 39.55 m。井田南部及东北部厚度小于 60 m,一般在 20 ~ 30 m,西北部厚度大于 60 m,与下伏延安组呈平行不整合接触。岩性以巨厚层状黄灰、黄绿色、局部紫杂色中 – 粗粒长石砂岩为主,部分地段含底砾岩,砾径 1 ~ 10 cm。

(3)第三系上新统保德组(N_{2b})。

出露于井田东部边界及小西梁一带,主要分布于 J107—J1107 连线以北,J103—J603 连线以南,先期地段东界附近,井田中部及西南部剥蚀殆尽。据钻孔揭露,其厚度 2.20 ~ 51.53 m,一般 20 m。岩性主要为浅红色、棕红色黏土及亚黏土,局部地段底部为 10 ~ 30 cm 厚砾石层。本组地层因含三趾马及其他动物骨骼化石而称为"三趾马红土",与下伏侏罗系中统直罗组呈不整合接触。

(4)第四系中更新统离石组(Q_{2l})。

区内广泛分布,主要分布于井田东南部,出露于南部马场梁、黄土庙、小西梁、中部大曼梁及东北部白家庙一带。据钻孔揭露及填图资料,厚度 0 ~ 65.33(J303) m,平均 20.10 m。最大厚值区在 J303、J203、J302 及 J501 孔周围,厚度变化大且不稳定。在 J406、J405 及 J503,钻孔 26 号孔形成无土区。在西北部呈零星片状分布,厚度 2.00 m 左右。岩性以灰黄色、棕黄色亚黏土、亚砂土为主,其中夹多层古土壤层,与下伏地层呈不整合接触。

(5)第四系上更新统萨拉乌苏组(Q_{3s})。

区内广泛分布,主要出露于青草界沟两侧及沙丘间低滩地。据地质填图及钻孔资料,厚度 0 ~ 76.1 m,一般为 40 ~ 60 m。井田东南部及大曼梁一带缺失,其余地段厚度大多小于 30 m,一般 10 ~ 20 m,总体上该组地层厚度变化较大。岩性主要由灰黄色、灰绿色、灰褐色及灰黑色粉砂、细砂、中砂组成,夹亚砂土、亚黏土和泥炭层,局部底部含有豆状钙质结核,与下伏地层呈不整合接触。

(6)第四系全新统冲积层(Q_4^{al})及风积砂层(Q_4^{eol})。

冲积层(Q_4^{al}):主要分布于青草界沟和河则沟之中,岩性以灰黄色、灰褐色细砂、粉砂、亚砂土和亚黏土为主,含少量腐殖土。钻探及电法资料解释其厚度0 ~ 27.30 m,一般 7 m 左右,与下伏地层呈不整合接触。

风积砂层(Q_4^{eol}):本区广泛分布,以固定沙丘、半固定沙丘和流动沙形式覆盖于其他地层之上。岩性主要为浅黄色、褐黄色细砂、粉砂,厚度 0 ~ 21.90 m,一般 10 m 左右,与下伏地层呈不整合接触。

3.2.2　地形地貌

受青草界沟影响,井田地形总体呈北高南低、东高西低的特征。地表高程1 110 ~ 1 313 m,最高处位于琉璃壕东侧,高程为 1 313.00 m,最低处位于沙母河附近,高程约 1 110 m,最大高差 203 m。北部标高一般为 1 240 ~ 1 260 m,南部一般为 1 200 m。

锦界井田位于陕北黄土高原北端、毛乌素沙地东南缘。在新构造运动和外应力的共同作用下,形成本区现有的地貌景观。按地貌单元的成因,将井田范围内地貌划分为风沙地貌、黄土地貌和沟谷地貌三类。

(1)风沙地貌:约占井田面积的 9/10。风力作用是风沙地貌的主要成因,该地貌主要组成物质是第四系黄色沙质黄土、亚黏土、粉砂、细砂及中粗砂。风沙地貌分为风沙滩地和风成沙丘地貌。风沙滩地较为平坦,粒度较细,常为农业耕作区,风沙地貌以半固定沙和固定沙为主,植被覆盖较好,地势平坦开阔,有利于降水入渗补给地下水。

(2)黄土地貌:仅分布于黄土庙和马场梁一带。梁顶平缓,常被薄层沙覆盖,冲沟陡深,一般 15 ~ 35 m,地形高差较大,植被稀疏,为较典型的黄土冲蚀地貌。

(3)沟谷地貌:青草界沟为地表水侵蚀堆积形成的冲积地貌。上游窄,下游宽,谷坡呈斜坡形,两侧不对称,谷底平坦,河床较窄,河水蜿蜒流淌其中。两岸的河漫滩和阶地,土地较为肥沃,是区内主要的农业耕作区。

3.2.3　河流水系

井田大部分属于黄河一级支流秃尾河流域,井田东北角属于黄河一级支流乌兰木伦河流域。除秃尾河从井田西南部流过外,井田内地表水系(见图 3-2)主要包括青草界沟、河则沟。

青草界沟流域为长年性流水,平均日流量为 21 417.70 m³/d,在瑶镇滴水崖附近汇入黄河一级支流秃尾河。河则沟流量为 9 832.32 m³/d,由井田西南部排入秃尾河。锦界井田西北为沟岔水源地,沟岔水源地保护界线距井田边界0.5 ~ 2.0 km。井田距沟岔水源地较远,其间分水岭的存在,高差悬殊,两者之间不存在水力联系。井田的西北部为河则沟流域,其余大部范围属于青草界沟流域。青草界沟流域面积 92 km²,流域 90% 面积位于井田范围内。

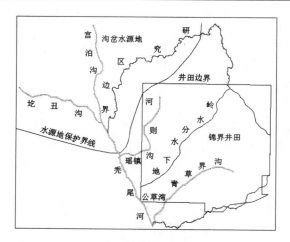

图 3-2　锦界煤矿范围及地表水系

3.2.4　含(隔)水层水文地质特征

3.2.4.1　第四系河谷冲积层(Q_4^{al})潜水

主要分布于青草界沟谷阶地及漫滩区,岩性以黄褐、灰褐色细砂、粉砂为主,局部夹粗砂及砂砾层。砾石磨圆度中等、分选性差－中等,砾石成分主要为石英岩及砂岩等。含水层水位埋深 0.90~3.00 m,厚度 8.56~26.40 m,渗透性不均匀。

3.2.4.2　第四系上更新统萨拉乌苏组(Q_{3S})潜水

主要分布于青草界沟以北,青草界沟以南呈条带状和零星片状分布,多被风积沙掩盖。风积沙与萨拉乌苏组累计厚度在青草界沟以北一般为 10~30 m,青草界沟之南一般为 10 m 左右。砂层广泛覆盖地表,结构松散极易接受大气降水补给。岩性多为黄褐色细砂、中砂夹有粉砂及泥质条带透镜体,底部局部含砾石。

3.2.4.3　第四系中更新统离石黄土(Q_{2l})与第三系红土隔水层(N_{2b})

区内黄、红土层大范围连片分布,土层厚度 0~73.70 m(红土层厚 2.20~51.53 m),一般为 15.00~30.00 m,青草界沟河南湾以上河段冲积层下伏黄土层厚度 10.00~17.70 m。红土主要分布于 2 盘区及南部黄土庙—井田东界附近,1 盘区以黄土为主。黄土为亚砂土,红土为黏土和亚黏土,含钙质结核层,结构较致密,干钻不易钻进。据二期采样测试成果,液限 28.1~31.7,塑限 16.9~18.4,塑性指数 11.2~13.3,液性指数 －0.34~0.45,坚硬状态,为良好隔水层。

3.2.4.4　中侏罗统直罗组(J_{2z})孔隙裂隙承压含水层

因受后期剥蚀仅保留下部地层,除青草界沟外基本全区分布,大部地段厚度

为 20 ~ 30 m,西北部厚度大于 50 m。岩性为一套黄绿、灰黄色中粗粒砂岩、局部
夹粉细砂岩。全组岩层风化强烈,岩芯疏软碎裂,少数钙质胶结砂岩硬度大,裂
隙发育,具有较好的渗透性及储水条件。

3.2.5　地下水补给、径流、排泄特征

3.2.5.1　第四系松散层孔隙潜水补给、径流、排泄条件

研究区内地下水自然排泄出露点大多分布于青草界沟各支沟,地形为陡坡
宽谷,地形高差 15 ~ 25 m。地下水主要由沟谷北、西侧坡脚线状渗出,渗出明显
段各支沟不一,一般渗流段长度 50 ~ 150 m,单位渗流量 0.118 ~ 0.179 L/s,形
成的支沟排泄量也不同。据观测,杨家沟北支沟渗排量为 47.15 L/s,崔家沟二
支沟渗排量为 63.32 L/s,白家湾支沟渗排量为 28.73 L/s。砂层水渗排量大小
与该含水层的分布面积、含水层厚度、沟谷切割条件等因素密切相关。

青草界沟北部滩地区,水位埋深 1.2 ~ 6.00 m,临近沟谷地段水位埋深大于
20 m,说明砂层水的补排并不平衡。但因北区砂层含水层分布广,有一定的含水
层厚度和地下水储存量,加之补给面积大,地下水自然排泄动态较为稳定。沟流
量高峰值多出现在每年的 9 ~ 10 月($33\,041\ \mathrm{m^3/d}$),枯水季节日流量为 19 987
$\mathrm{m^3/d}$,平均流量 21 417.70 $\mathrm{m^3/d}$。地下水位动态特征是雨季大幅上升,冬季持续
下降,年变幅一般不超过 1.5 m。

3.2.5.2　中侏罗统直罗组孔隙裂隙潜水 - 承压含水层补给、径流、排泄条件

该含水层主要接受区域侧向补给和上部第四系地下水通过天窗的渗透补
给。在地势较高的沟谷裸露区,则直接接受降水及地表水沿裂隙向岩层内微弱
渗透补给。径流一般沿基岩面由高向低运移至河谷区出渗和顶托越流排泄,局
部钻孔揭露时呈自流水,如 J705 号孔 3^{-1} 煤层顶板含水层水头高出孔 8.72 m,
自流量 1.5 $\mathrm{m^3/h}$。

3.3　分区因子和分区标准

3.3.1　分区因子

3.3.1.1　萨拉乌苏组潜水赋存特征

研究区内地下水主要为第四系松散层孔隙潜水(主要为萨拉乌苏组潜水),
砂层潜水主要接受大气降水补给(入渗系数 0.10 ~ 0.60),区内侧向补给和凝结
水补给微弱。潜水径流沿黄土顶面向古冲沟、青草界沟和河则沟潜流运移,以泉
排泄为主,其次为蒸发和垂直排泄。在土层缺失区,砂层潜水下渗补给直罗组风

化基岩裂隙水。萨拉乌苏组潜水赋存特征在一定程度上影响着区内青草界沟和河则沟流量。

3.3.1.2　上覆岩土体组合分布特征

锦界煤矿岩土体自上而下依次为:第四系松散砂层(主要为萨拉乌苏组含水岩组)、土层(离石黄土和保德红土)、直罗组风化基岩、煤层正常基岩。在整个锦界矿区范围内,井田范围内土层大范围连片分布,厚度 0 ~ 73.7 m。3^{-1} 煤层上覆岩土体组合主要为第四系砂层含水层与侏罗系中统直罗组风化基岩通过离石黄土或保德红土隔开,可有效阻隔上覆第四系潜水含水层或地表水向下渗漏。风化基岩和正常基岩厚度大的地方,导水裂隙带发育至第四系含水层底板的可能性较小,在该区域内进行煤矿开采,对第四系含水层的影响比较小,更有利于河川径流的保护。

3.3.1.3　导水裂隙带发育高度

若 3^{-1} 煤层开采后导水裂隙带发育高度高于萨拉乌苏组含水层底板,甚至直接贯穿地面,由于冒落带和裂隙带的存在,第四系潜水含水层(主要为萨拉乌苏组含水层)中的地下水或地表水体直接涌入矿井中,直接影响该区域的地下水和地表水体,煤炭开采对河川径流影响严重。若导水裂隙带未发育至第四系含水层(萨拉乌苏组含水层)底板,但发育至上覆土体中时,剩余隔水土层将阻止第四系含水层或地表水体向下渗漏,该区域煤矿开采对河川径流的影响一般。当导水裂隙带发育高度未波及土层时,上覆隔水土层阻止第四系潜水、地表水体向下渗漏,该区域煤矿开采对第四系潜水、地表水体影响较微弱。

3.3.2　分区标准

依据萨拉乌苏组含水层赋存特征、上覆岩土体组合分布特征叠加导水裂隙带发育高度计算结果等综合判定,导水裂隙带发育高度是否达到或超过第四系潜水含水岩组(主要为萨拉乌苏组含水层)底板,甚至贯穿地面,造成潜水完全漏失或部分漏失为分区标准,将煤矿开采对河川径流影响分为三个区。

(1)严重影响区:若导水裂隙带发育超过第四系潜水含水层底板,重复采动条件下,潜水完全漏失。

(2)影响一般区:若导水裂隙带未发育至第四系潜水含水层底板,而发育至土层但未完全导穿土层时,土层尚有一定的有效隔水厚度,渗漏影响了区域流场使泉流量减少,甚至干涸。

(3)影响轻微区:若导水裂隙带未发育至土层底部,潜水基本不受影响,一定时间内可以恢复。

3.4　萨拉乌苏组潜水赋存特征

　　萨拉乌苏组主要分布于青草界沟流域及河则沟流域,以片状、朵状分布为主,多被风积沙掩盖,与冲积层组成统一的潜水含水层。砂层广覆地表,结构松散极易接受大气降水补给,为井田主要含水层之一。岩性多为黄褐色细砂、中砂为主,下伏一般有隔水的黄土和红土分布。地下水位埋深小于 3 m,水位年变幅 1~1.5 m,单位涌水量 0.116~1.2 L/(s·m),富水性中等到强。最大泉流量为 304 L/s,$K = 1.27~14.822$ m/d,含水层厚度受下伏地层顶面形态的制约,其厚度变化较大,为 0~64.10 m。青草界沟下游一般为 10~15 m,上游一般为 10~30 m,最大厚度 64.10 m(J607);河则沟流域一般为 10~40 m,最大厚度 51.26 m(J1210);青草界沟之南有一孤立的带状分布区,厚度 10~40 m。井田 1 盘区东部及东南部、2 盘区中部及 4 盘区东部、北部含水层厚度大部分为 0,见图 3-3。

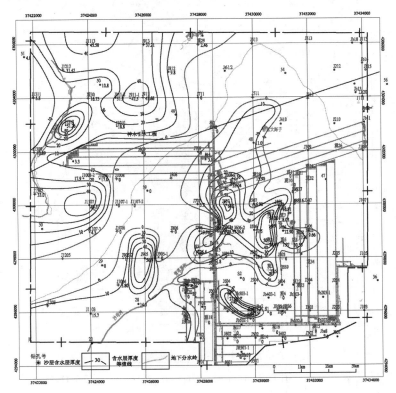

图 3-3　第四系潜水含水层厚度等值线图

3.5 上覆岩土体组合分布特征

3.5.1 土层发育分布特征

土层包括第四系中更新离石黄土与第三系保德组红土。研究区内土层大范围连片分布,厚度为 0 ~ 73.7 m,井田东部最厚,为 3.7 ~ 73.7 m,大部分为 50 ~ 70 m;井田南部较厚,为 3 ~ 66.9 m(J302、93104 面切眼附近);井田中部厚度变化较大,一般为 10 ~ 20 m,部分地段缺失,如 J405、J406、J606、J607、J905、S4 各孔及河南湾以下青草界沟谷内和 D10 一线,井田中部、西部和北部较薄,厚 0 ~ 20 m,见图 3-4。

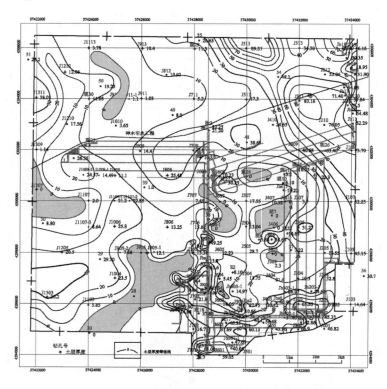

图 3-4 离石黄土和保德红土厚度变化图

土工试验表明,黄土孔隙比 0.754,塑限 16.86%,液限 28.09%,天然含水量 12.98%,饱和度 49.33%,塑限指数 11.23,液性指数小于 0,不具有湿陷性,室内测定渗透系数仅 4.47×10^{-7} m/s;红土孔隙比 0.762,塑限 18.4%,液限

31.65%,天然含水量 12.5%,饱和度 44.67%,塑限指数 13.25,液性指数小于0。水理性质指标显示黄土与红土土体均属于密实土,处于坚硬状态。尽管黄土具有各向异性的特点,渗透性差异大,但仍属弱 – 较强隔水层;红土层的渗透系数为 0.005 96 ~ 0.6 m/d,土颗粒细小,黏粒含量高达 35%,遇水快速崩解成粉末状,渗透性极差,为较强 – 强隔水层。

3.5.2　上覆基岩发育分布特征

中侏罗统直罗组(J_{2z})风化基岩孔隙裂隙潜水 – 承压含水层,除青草界沟外,基本全区分布。由于受风化作用影响,该组地层上部层段,甚至全部以至部分延安组顶部层段全部为风化岩层。风化岩层厚度为 0 ~ 83.75 m,平均 32.0 m;青草界沟流域厚度为 0 ~ 10 m,青草界沟以南厚度为 20 ~ 40 m,最大值 62.02 m;青草界沟以北井田中部及北部厚度最大,一般达 30 ~ 70 m,向东、向西厚度逐渐变薄至 30 m 以下,一般为 10 ~ 30 m,见图 3-5。

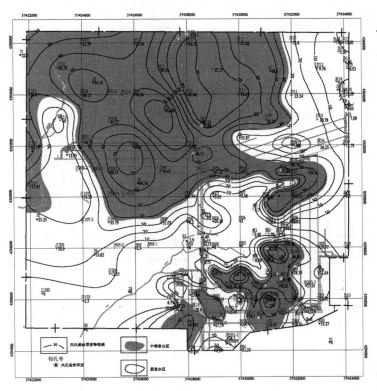

图 3-5　3^{-1}煤上覆风化基岩厚度及其富水性

3.5.3　上覆岩土体组合特征分类

根据煤层上覆岩土体空间分布及其组合形态,将井田煤层与含水层的组合形式分成三大类,在各大类中又细分七个不同亚类,见图3-6。

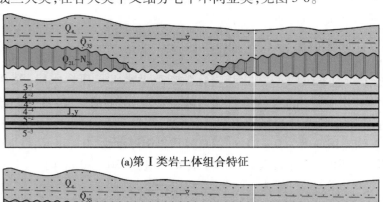

(a)第Ⅰ类岩土体组合特征

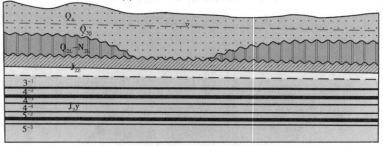

(b)第Ⅱ类岩土体组合特征

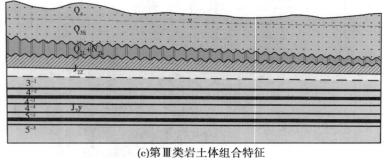

(c)第Ⅲ类岩土体组合特征

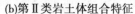

平行不整合线　松散砂层　含水层　隔水层　砂泥岩互层　风化基岩　煤层及编号　潜水位线

图3-6　第Ⅰ、Ⅱ、Ⅲ类岩土体组合特征

第Ⅰ类:直罗组风化基岩含水层(J_{2Z})缺失,地表松散砂层含水层与煤层之间通过全部或部分离石组(Q_{2l})、第三系上新统保德组(N_{2b})隔开,甚至地表松散含水层与煤层直接接触,见图3-6(a)、图3-7。

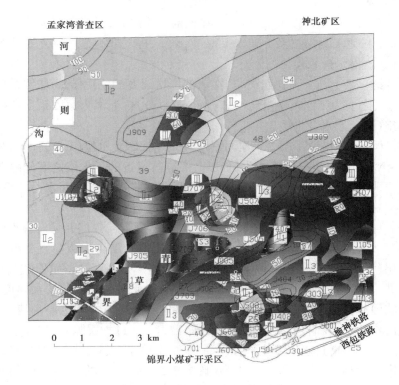

图 3-7　3^{-1} 煤层上覆岩土体分布特征及组合形态

I_1：第四系中更新统离石组（Q_{2l}）和第三系上新统保德组（N_{2b}）在该部位均缺失，煤层顶板直接与第四系上更新统萨拉乌苏组（Q_{3S}）潜水接触。

I_2：第三系上新统保德组（N_{2b}）在该部位均缺失，煤层顶部为第四系中更新统离石组（Q_{2l}），之上为第四系上更新统萨拉乌苏组（Q_{3S}）潜水含水层。

I_3：第四系中更新统离石组（Q_{2l}）在该部位均缺失，煤层顶部为第三系上新统保德组（N_{2b}），之上为第四系上更新统萨拉乌苏组（Q_{3S}）潜水含水层。

I_4：煤层顶部为第四系中更新统离石组（Q_{2l}）、第三系上新统保德组（N_{2b}）和第四系上更新统萨拉乌苏组（Q_{3S}）潜水含水层。

第 II 类：第四系中更新统离石组（Q_{2l}）和第三系上新统保德组（N_{2b}）全部或部分缺失，地表松散砂层含水层与直罗组风化基岩含水层（J_{2Z}）通过全部或部分土层隔开，甚至地表松散含水层与直罗组风化基岩含水层（J_{2Z}）直接接触。这是井田的一种主要组合类型，见图 3-6（b）、图 3-7。

II_1：第四系中更新统离石组（Q_{2l}）、第三系上新统保德组（N_{2b}）在该部位均缺失，煤层顶部为侏罗系中统直罗组（J_{2Z}），之上为第四系上更新统萨拉乌苏组

（Q_{3S}）潜水含水层。

　　Ⅱ$_2$：第四系中更新统离石组（Q_{21}）在该部位均缺失，煤层顶部为侏罗系中统直罗组（J_{2z}），之上为第三系上新统保德组（N_{2b}），再上部为第四系上更新统萨拉乌苏组（Q_{3S}）潜水含水层。

　　Ⅱ$_3$：第三系上新统保德组（N_{2b}）在该部位均缺失，煤层顶部为侏罗系中统直罗组（J_{2z}），之上为第四系中更新统离石黄土（Q_{21}），再上部为第四系上更新统萨拉乌苏组（Q_{3S}）潜水含水层。

　　第Ⅲ类：地表松散砂层含水层与直罗组风化基岩含水层（J_{2z}）之间通过隔水层（$Q_{21}+N_{2b}$）分开，煤层位于含水层底部，煤层与最近的含水层之间间隔直罗组与延安组弱含水层与砂泥岩隔水层。上下两个主要含水层之间水力联系微弱，见图3-6（c）、图3-7。

　　综上可知，井田内煤层与含水层空间赋存关系复杂，煤层开采对含水层的影响差异较大。隔水土层全部或部分缺失，地表松散砂层含水层与直罗组风化基岩含水层（J_{2z}）通过全部或部分土层隔开（第Ⅱ类），是井田分布面积最大的空间组合。Ⅱ$_1$在无隔水土层情况下，采煤将导致一定范围内潜水位的大幅度下降，进而影响河川径流量。Ⅱ$_2$和Ⅱ$_3$隔水土层部分缺失是该类最重要的组合形态。第四系潜水含水层和直罗组风化基岩含水层（J_{2z}）通过土层隔开，但在水力梯度的作用下潜水将通过土层发生部分渗漏，剩余土层厚度超过土层临界阈值，对地下水位影响较小；未达到剩余土层厚度临界值，对地下水位影响较大。第Ⅲ类煤层与最近的含水层通过砂泥岩隔开。上下两个主要含水层之间水力联系微弱，对地下水的影响非常轻微。第Ⅰ类中Ⅰ$_1$因煤层顶板直接与第四系上更新统萨拉乌苏组（Q_{3S}）潜水接触，采煤可能造成该范围内地表下水直接进入矿井，导致溃水溃沙。

3.6　导水裂隙带发育高度计算

　　导水裂隙带发育高度不仅是锦界煤矿上覆岩土体的变形破坏垂向分带性的重要体现，也是锦界煤矿开采是否会导致水体发生渗漏的重要依据。当导水裂隙带发育高度波及甚至贯穿萨拉乌苏组潜水含水层、青草界沟、河则沟等地下水体和地表水体时，地下水和地表水可能直接涌入矿井，对煤矿安全生产造成威胁的同时，也可能使含水层中的地下水，甚至地表水资源漏失。因此，导水裂隙带发育高度的确定是锦界煤矿开采能否引起水体渗漏的重要因子，也是锦界煤炭资源开发过程中能否较好地实现保护萨拉乌苏组潜水、河则沟、青草界沟、秃尾河河川径流等水资源的重要依据。

3.6.1　计算公式

3.6.1.1　"三下"规程法

煤层开采后覆岩破坏和位移具有明显的分带性,形成冒落带、裂缝带和弯曲带,即典型的"三带"理论。为更好地预测"三下"开采引起的岩层及地表移动,且能够不同程度地与实际观测数据吻合,我国对主要矿区建立的几百个观测站和一千多条观测线的观测数据进行了统计分析,总结出矿井工作面"三带"高度公式,形成《建筑物、水体、铁路及主要井巷煤柱留设与压煤开采规程》,即"三下"规程,见式(3-1)。

$$h_f = \frac{100 \sum M}{1.6 \sum M + 3.6} + 5.6 \tag{3-1}$$

式中:h_f 为导水裂缝带最大高度,m;$\sum M$ 为累计采厚,m。

《建筑物、水体、铁路及主要井巷煤柱留设与压煤开采规程》中根据煤层的倾斜角度和上覆地层岩性列出了导水裂隙带高度的计算公式,经验公式概念明确,简单易求。

3.6.1.2　唐山分院

随着综放开采自然跨落法在我国的广泛应用,经过不断研究、试验和推广应用,中国煤炭科学研究院唐山分院于 2011 年总结出我国综放开采煤层顶板导水裂缝带的计算方法,见式(3-2)。因其能较好地适应大规模、高强度的综放开采,而逐渐被应用到实践中。

$$\begin{cases} 坚硬岩: & h_f = 30M + 10 \\ 中硬岩: & h_f = 20M + 10 \\ 软弱岩: & h_f = 10M + 10 \end{cases} \tag{3-2}$$

3.6.1.3　中国矿业大学(北京)

中国矿业大学(北京)搜集了我国 40 余个综放开采工作面覆岩"两带"高度实测数据,采用回归分析法,得出了适于我国综放开采工作面中硬、软弱覆岩的"两带"高度计算公式,见式(3-3)。

$$\begin{cases} 中硬岩:h_f = \dfrac{100M}{0.26M + 6.88} + 11.49 \\ 软弱岩:h_f = \dfrac{100M}{-0.33M + 10.81} + 6.99 \end{cases} \tag{3-3}$$

3.6.1.4　榆神矿区

李文平教授根据榆神矿区生产工作面导水裂隙带发育高度实测数据、相似模型试验和理论计算结果,进行导水裂隙带发育高度线性拟合,见式(3-4)。

$$H = 9.59M + 13.5 \tag{3-4}$$

式中:H 为导水裂缝带最大高度,m;M 为采厚,m。

3.6.2　计算公式比选

3.6.2.1　现场实测

以钻探为勘探手段,通过钻进过程中钻孔冲洗液消耗量、钻孔内水位变化、岩性鉴定、操作手把压力变化以及钻进过程中出现的各种异常现象,确定冒落带、裂隙带的高度。在观 15 号孔(93104 面切眼区域)以西 10 m 处布置 1 个监测孔,孔号为冒 1。

冒 1 孔地层主要由新生界地层和侏罗系中统直罗组及延安组地层组成,最大揭露深度至 3^{-1} 煤层顶板以上 5.00 m,即地下 105.60 m 终孔。新生界地层主要由第四纪风积砂(岩性为细砂)约 4.8 m、黄土和红土 40 m(岩性主要为粉土和少量黏土组成,含大量钙质结核,局部成层)组成;直罗组 19.48 m,地层主要由中细粒砂岩组成;延安组地层主要由细砂岩、粉砂岩和少部分泥岩组成。该孔煤系及上覆基岩岩性主要由粉砂岩、泥岩、泥质粉砂岩、砂质泥岩等组成,平均饱和抗压强度 34.6 MPa,属中硬类易软化岩石。基岩上部有 20 m 的风化带,岩石饱和抗压强度为 4.90 MPa,属于软弱岩石。

通过冒 1 钻孔的施工,对岩芯 RQD 值描述、岩性鉴定及冲洗液的观测,冒 1 钻孔地层分别为细砂、黄土、红土、风化中砂岩及正常粉砂岩、细砂岩及粉砂岩等,其厚度分别为 4.80 m、12.70 m、27.30 m、19.48 m、13.60 m、3.90 m 及 15.00 m,另外 96.78 ~ 105.60 m 未采芯。

钻孔施工过程中,0 ~ 5.20 m 段岩性多为风积细砂,虽然地表可观察到地表裂缝,但冲洗液消耗量较小,为 0.02 m³/h,说明本段为弯曲带,开采过程形成的裂缝已趋于闭合。5.20 ~ 44.80 m 段岩性为黄土及红土,该层具有一定的抗剪强度和抗压强度,冲洗液消耗量较大,为 0.63 ~ 0.98 m³/h,孔口冲洗液时断时续,说明本段裂隙不甚发育,为弯曲带。44.80 ~ 64.28 m 段岩性为风化中砂岩,岩体强度较低,岩芯破碎,风化裂隙发育,岩芯采取率低,RQD 值为 0.31,可见少量断口,冲洗液消耗量大,平均为 2.90 m³/h,说明本段导水裂隙已与风化裂隙导通。另外,距冒 1 孔 10 m 远的观 15 号孔,初始水位为 48.35 m,回采过程中 5 月 5 日、5 月 26 日及 6 月 6 日观测水位分别为 52.09 m、52.45 m 及孔内已无水位;本次孔内该层均无水位,也说明导水裂隙已与本段导通,从而证明了导水裂隙带高度大于等于 45.72 m。

钻孔 64.28 m 以下为正常基岩,岩性多为粉砂岩及细砂岩,在 64.28 ~ 96.78 m 时,冲洗液消耗量很大,其冲洗液(清水)消耗量大于等于 3.68 ~ 4.04

m³/h,孔口不返水。虽然本段岩体强度较高,但由于岩石断口明显,裂隙发育,岩芯采取率并不高,且 *RQD* 值仅为 0.43 ~ 0.46,说明本段为导水裂隙带。

钻孔 96.78 m 以下,冲洗液消耗量很大,其冲洗液(清水)消耗量大于等于 7.33 m³/h,孔口不回水,钻机泥浆泵开到最大泵量不返水,且由于岩芯破碎,无法取芯,同时岩体破碎、容易塌孔,提钻后不能下到原位,说明本段应为冒落带。根据煤层顶底板标高等参数,计算得出冒落带高度为 13.22 m。

综上所述,冒 1 钻孔 0 ~ 64.28 m 为整体弯曲带,64.28 ~ 96.78 m 为导水裂隙带,96.78 ~ 110 m 为冒落带。整体弯曲带高度大于等于 110 m,导水裂隙带发育高度为 45.72 m。

3.6.2.2　计算方法确定

3^{-1} 煤层是锦界煤矿主要可采煤层之一,也是目前的主采煤层。3^{-1} 煤层处于延安组第三段顶部,一般埋深 100 ~ 150 m。全区大面积可采,可采性指数 0.99,可采面积 134.654 km²。煤层厚度 0.30 ~ 3.61 m,平均厚度 3.20 m,一般无夹矸。顶底板主要为粉砂岩、细粒砂岩及砂质泥岩。因此,3^{-1} 煤层是以中厚煤层为主,厚度变化很小,结构简单,全区基本可采的稳定煤层。

对比各种方法计算得出的导水裂隙带发育高度,结合井田导水裂隙带发育高度的实测数据,选择计算结果与实测值最接近的方法,计算导水裂隙带高度,见表3-1。

表 3-1　不同方法计算导水裂隙带高度

方法	煤层	采厚(m)	最大导水裂隙带高度(m)
"三下"规程法	3^{-1}	3.15	36.46
唐山分院	3^{-1}	3.15	73.00
中国矿业大学(北京)	3^{-1}	3.15	52.40
榆神矿区	3^{-1}	3.15	43.76

由表3-1可知,《建筑物、水体、铁路及主要井巷煤柱留设与压煤开采规程》计算得出的导水裂隙带高度最大高度为 36.46 m,比实测值小 20.25%。经验公式概念明确,简单易求,但该公式适用于单层采高 1 ~ 3 m,累计采厚不超过 15 m,工作面宽度几十米、长度几百米,推进速度较慢的情况下,导水裂隙带发育的计算。20 世纪 90 年代发展起来的分层综放开采、一次采全高及快速推进等采煤新技术,使导水裂隙实际发育高度比《建筑物、水体、铁路及主要井巷煤柱留设与压煤开采规程》计算值偏大。

中国煤炭科学研究院唐山分院和中国矿业大学(北京)分别提出了我国综

放开采煤层顶板导水裂缝带发育高度的计算方法,虽能很好地适应大规模、高强度的综放开采,但由于煤层埋藏条件,基岩岩性强度的差异,岩层结构也呈现出迥然不同的特征,计算公式只是提供一个参考依据和评价标准,与实际"三带"高度存在一定的误差。计算结果表明,中国煤炭科学研究院唐山分院和中国矿业大学(北京)计算结果分别比实测值大59.67%和14.61%,与锦界煤矿采煤工程实际有一定偏差。

李文平等统计了邻近矿区生产工作面导水裂隙带发育高度实测数据,通过相似模型试验和理论计算,得出导水裂隙带发育高度拟合公式。拟合公式计算结果比实测值偏小4.29%,与实测值更为接近,能较好地反映锦界煤矿导水裂隙带发育分布的实际情况。因此,采用该公式计算锦界煤矿导水裂隙带发育高度。

3.6.3　导水裂隙带发育分布特征

3^{-1}煤层及上覆基岩岩性以细粒砂岩、粉砂岩为主,次为中粒砂岩及泥岩,呈互层结构体。砂岩多为泥质胶结,部分层段为钙质胶结。砂岩、粉砂岩、泥岩岩样饱和极限抗压强度平均值均在40 MPa以下,大多为20~30 MPa,基岩上部有40 m的风化带。

根据锦界井田范围内124个钻孔统计数据(坐标、标高、砂层厚度、土层厚度、煤层上覆基岩厚度等),见图3-8。采用李文平教授等提出拟合公式计算导水裂隙带发育高度,并应用克里格插值方法生成3^{-1}煤层导水裂隙带发育高度等值线图,见图3-9。对比导水裂隙带发育高度与地面、萨拉乌苏组潜水含水层底板的距离,所得值大于0(正值)的区域为安全区,小于0(负值)的区域为非安全区,即危险区,见图3-10、图3-11。

由图3-9可知,井田范围内导水裂隙带发育高度在27.84~48.17 m,发育高度由西北向东南增大,裂采比为13~19。

由图3-10可知,3^{-1}煤层开采后,导水裂隙带发育高度距地面-3.50~152 m,集中在50~100 m,最大达151.78 m(即图3-10中色彩150~160 m所在区域),仅在JB5和JB6(即图3-10中色彩-10~0 m所在区域),JB5和JB6导水裂隙带发育高度分别超出地面2.73 m和3.50 m。总体上来说,导水裂隙带发育高度与地面距离由南向北逐渐增大,其中青草界沟沟谷所在区域导水裂隙带发育高度距离地面-10~20 m,海则沟流域导水裂隙带发育高度距离地面40~60 m,井田东南角导水裂隙带距离地面10~40 m。

由图3-11可知,导水裂隙带发育高度距萨拉乌苏组底板高度在-20~149 m,主要集中在20~90 m,最大达148.05 m(最大点位于J513,即图3-11中色彩

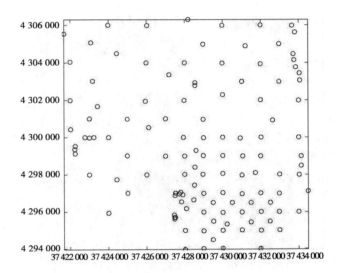

图3-8　钻孔分布图

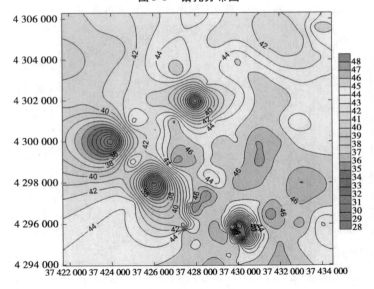

图3-9　3⁻¹煤层导水裂隙带发育高度等值线图

140~150 m 所在区域),在 J607 – J905 – J1103 – J705 – JB7 – JB1 – JB6 – JB5
(即图3-11 中 – 20~0 m 所在区域)所在区域导水裂隙带发育高度超出萨拉乌
苏组底板 3.84~19.99 m。基本上从青草界沟为界向外,导水裂隙带发育高度
距离萨拉乌苏组底板呈增大趋势,其中青草界沟以南导水裂隙带发育距离萨拉
乌苏组底板高度在 40~70 m,青草界沟以北高度在 50~80 m。河则沟上游东南

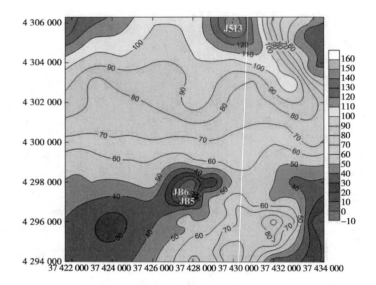

图 3-10　导水裂隙带发育距地表高度

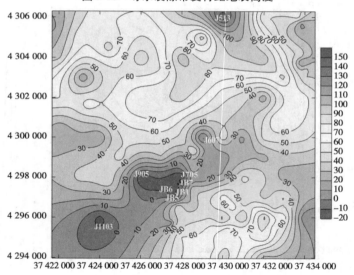

图 3-11　导水裂隙带发育距萨拉乌苏组底板高度

部及下游西南角距萨拉乌苏组底板高度小于 30 m。

3.7　分区结果

依据前述分区因子和分区标准,生成锦界煤矿开采河川径流(主要为萨拉乌苏组含水层)渗漏危险性等值线图(见图3-12),并给出3^{-1}煤层开采后,锦界煤矿开采对河川径流影响不同分区的分类模式图(见图3-13)。

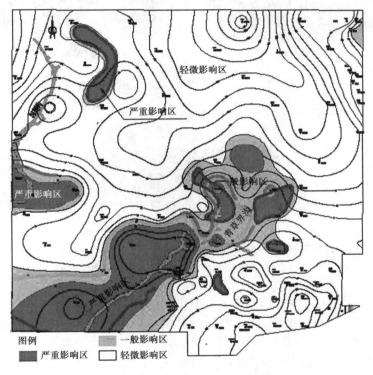

图 3-12　河川径流渗漏危险性分区

(1)严重影响区。正常开采条件下,充分采动时,导水裂隙带发育的最大高度大于萨拉乌苏组底板高度,如图3-13(a)所示。此区域受采动影响剧烈,正常开采时,导水裂隙带直接穿透萨拉乌苏组含水层,造成潜水含水层破坏,水资源完全漏失。大气降水和地表水可能顺着裂隙直接汇入井下,属于严重失水区。该区主要分布在青草界沟和河则沟下游的西南角区域,其次分布在井田的西北角局部区域,面积约23.46 km^2,占井田面积的16.55%,见图3-12。

(2)一般影响区。正常开采条件下,充分采动时,导水裂隙带发育的最大高度到达土层,但未完全导穿土层,土层尚有一定的有效隔水厚度,如图3-13(b)所示。该区域正常开采情景下,第四系萨拉乌苏组孔隙潜水会增大向下的渗透

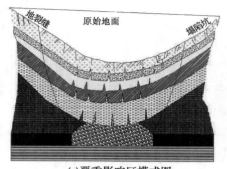

(a)严重影响区模式图

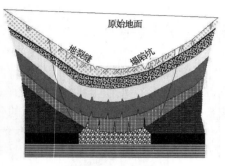

(b)一般影响区模式图

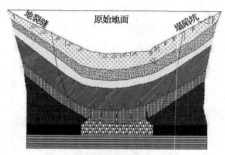

(c)轻微影响区模式图

包气带　　潜水含水层组　　弱透水层组　　隔水层组

承压含水层组　　基岩　　煤层　　冒落带

图 3-13　锦界煤矿开采对河川径流影响不同分区的分类模式图

能力和渗透量,可能影响地下水流场,导致潜水资源的漏失,甚至可能造成泉流量减少、干涸。该区主要分布在井田中南部区域,其次为河则沟下游局部区域,面积约 37.27 km^2,占井田面积的 26.29%,见图 3-12。

(3)轻微影响区。该区域的土岩层较厚,井田的导水裂隙带最大发育高度未发育到土层,见图 3-13(c)。正常开采条件下,充分采动时,土层结构基本不受影响,只是随基岩的沉陷而下沉。该区域煤矿开采不会造成第四系潜水含水层的破坏,仅出现第四系萨拉乌苏组潜水水位的波动,且潜水位在一定时间内可以恢复。该区主要分布在井田的中北部广大地区,其次分布在井田的中南偏东较小区域,面积约 81.04 km^2,占井田面积的 57.16%,见图 3-12。

3.8　小　结

本章以萨拉乌苏组含水层赋存特征、上覆岩土体组合分布特征、导水裂隙带发育高度作为分区因子,综合判定导水裂隙带发育高度是否达到或超过第四系潜水含水岩组底板,甚至贯穿地面,造成潜水完全或部分漏失为分区标准,将煤矿开采对河川径流的影响分为三个区,即严重影响区、一般影响区和轻微影响区。锦界煤矿 3^{-1} 煤层开采结束后,严重影响区主要分布在青草界沟和河则沟下游的西南角区域;一般影响区域主要分布在井田中南部区域;轻微影响区主要分布在井田的中北部广大地区。各分区面积分别为 23.46 km^2、37.27 km^2、81.04 km^2,占井田面积的比例分别为 16.55%、26.29%、57.16%。

第4章　地表水－地下水耦合模拟

为定量评价秃尾河流域煤炭资源大规模开发,下垫面条件改变而引起的地表产流机制和地表水、地下水转换关系的变化,进而导致秃尾河河川基流量的变化。急需将煤炭开采、地表水产流过程变化、含水层结构变化耦合在一起研究,这也是秃尾河流域煤炭资源开发与水资源有效保护过程中面临的基础性和科学性的问题。因此,本章在考虑地表水入渗补给的滞后性和在 RCH 程序内部实现垂向上对多层单元格补给表达的两个问题的基础上,构建基于地表水水文过程和地下水动力过程变化的地表水和地下水耦合模型(SWATMOD),并将其应用于锦界煤矿开采实例中,以期为锦界矿区煤炭资源的适度开发、秃尾河流域水资源合理开发利用提供科技支撑。

4.1　模型耦合原理及方法

SWATMOD 模型将从陆地水文学角度建立的概念性水文模型和从水文地质学角度建立的地下水动力学模型相结合,能够更充分地利用水文气象和水文地质资料,在耦合过程中取长补短。例如:SWAT 具有模拟地表产流、河道汇流、陆面蒸发等优势,且本身含有对地下水的描述,主要用于流域水量平衡计算,能够为 MODFLOW 提供更为准确的降水补给量、蒸散发量等空间分布信息,但不能较准确地反映地下水的动态变化。MODFLOW 能很好地解决这些问题,且 MODFLOW 模拟输出的地下水位空间分布,能够为 SWAT 模型参数率定和验证提供依据。

SWAT 和 MODFLOW 模型耦合的技术难点不仅包括时空尺度的不一和计算单元不匹配的问题,还包括未考虑地表水入渗补给的滞后性和现有 MODFLOW 中的 RCH 子程序在程序内部实现垂向上对多层单元格补给表达的问题。在考虑上述问题的基础上,构建 SWATMOD 耦合模型。具体方法步骤如下:

(1)地下水计算网格编码。根据地质资料(地层岩性、地形地貌),水文地质资料(含隔水层特征,地下水补给、径流、排泄特征),长观孔及观测井数据(长观孔及自动观测井的经纬度坐标、井口高程,不同时段水位标高等),地表水观测资料(青草界沟、河则沟地表沟流分布的范围、流量及与地下水的补排关系等),井、泉观测数据(井、泉口标高、类型、流量、观测方法)等,针对研究区实际建立

MODFLOW 模型。按照研究精度要求剖分网格,并对计算网格逐个编码。

(2)确定 HRU 的空间地理位置。首先,根据 DEM 划分子流域,在不同子流域内根据不同土地利用类型和土壤类型划分水文响应单元(HRU),作为基本计算单元。其次,利用 ArcGIS 软件合并 SWAT 模型中提取出来的子流域图、土地利用图和土壤类型图,获取 HRU 的空间地理位置并进行编码。

(3)HRU – cells 交互界面构建。采用文献[90]的方法,将 HRU 的编号和地下水计算网格中的数字相对应,建立 HRU – cells 的交互界面,见图4-1。

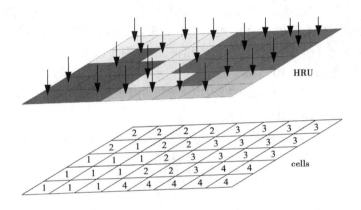

图 4-1　HRU – cells 交互界面

(4)数据传递与校验。将 SWAT 模型模拟计算的地下水补给量的空间数据,经过地表水入渗滞后性补给计算后,通过 HRU – cells 交换界面赋值给相应的地下水计算单元网格,并利用优化后的 RCH 子程序在其内部实现垂向上对多层单元格补给的表达。同时,地下水模拟输出的地下水位、基流量等数据,通过 HRU – cells 交互界面传递给 SWAT 模型,进而对蒸发、蒸腾等过程模拟进行约束和检验,最终实现 SWAT 模型和 MODFLOW 模型的耦合。

4.2　模型优化处理方法

4.2.1　地表水入渗滞后性计算

煤矿开采过程中,地下水位不断下降,包气带增厚导致入渗速率变小,入渗时间延长。当包气带原厚度大于潜水蒸发极限深度时,其厚度增大对入渗速率影响较弱。但包气带增厚对入渗时间和有限时间内补给量影响较大。包气带厚度越大,入渗路径越长,通过零通量面的水分全部入渗补给地下水所需的时间越长,有限时间内地下水获取的入渗补给量越小。秃尾河流域降水和地表水通过包气带入渗补给地下水,其河川径流量的 68% 来自地下水补给的基流,为使尽可能多的降水转化成地下径流,必须考虑入渗的滞后性。

地表水通过包气带入渗补给地下水具有一定的滞后性,如何在耦合模型中描述这种滞后性直接影响模型的模拟精度。陈崇希提出了一种表征降水滞后补给潜水的权系数方法。该方法由最初的针对降水入渗滞后补给潜水,逐步发展为描述地表水体的入渗滞后补给,且被成功应用于区域地下水流模型中。因其未给出滞后因子的经验值,胡立堂等提出根据地下水位埋深和饱和渗透系数对应关系式计算 B 值,见式(4-1)、式(4-2),并采用滞后权系数法求解地表水入渗量,见式(4-3)。计算结果与实际比较相符,故本书予以采用。

当 $D < 1.5$ m,$K < 10^{-3}$ m/s 时,

$$B = 0.303\ 97 \times D^{-1.508\ 048} + 10\ 366.71 \times K \tag{4-1}$$

当 $D > 1.5$ m,$K < 10^{-3}$ m/s 时,

$$B = 0.158\ 221 \times D^{-0.663\ 968} + 409.14 \times K \tag{4-2}$$

$$\omega(j - i) = \frac{\left[\dfrac{D}{B}\right]^{j-i}}{(j - i)!} \cdot e^{-\left[\frac{D}{B}\right]} \tag{4-3}$$

$$Q_j = \sum_{i=1}^{N_{sck}} \omega(j - i) \times Q_i$$

式中:K 为饱和渗透系数,m/s;D 为潜水位埋深,m;B 为埋深区间系数,是包气带渗透系数的增函数,m,且称 $1/B$ 为滞后因子;$\omega(j - i)$ 为 i 月地表水、j 月可获得补给的权系数;N_{sck} 为考虑地表水滞后补给的最大前期时间步长数。

4.2.2 RCH 子程序前处理优化

现有的 MODFLOW 中 RCH 子程序包只有一个单元可以设置补给量,无法在 RCH 子程序内部实现垂向上对多层单元格补给的表达。董艳辉等修改了 MODFLOW 主程序,根据不同的模型层分别添加 RCH 文件,通过多次调用 RCH 子程序包实现了垂向上对多层单元格补给量的表达,但对于层数较多的地下水模型的建立仍存在缺陷。王仕琴等在 RCH 程序包中增加了一个补给选项,这种方法的弊端是每个应力期循环都要从 RCH 文件里读取每个单元格的补给通量值,增加了内存与外部存储器的数据交换量,影响程序的运行效率。韩忠等进一步改进了 RCH 子程序包,在程序内部实现了补给量向每个模型网格的分配,减少了模型的存储量,提高了读取率。因此,本书采用优化后的 RCH 子程序进行耦合模拟。

4.3 SWAT 模型的构建与率定

4.3.1 模型数据

SWAT 是美国农业部(USDA)农业研究中心 Jeff Amonld 博士于 1994 年开发的水文模型。SWAT 模型具有较强的物理机制,能够利用遥感和地理信息系统提供的空间信息连续模拟,由气候条件和人类活动干扰的异质性导致的流域内水环境循环变化。SWAT 模拟的流域水文过程不仅考虑了流域水文要素的空间和时间异质性,而且能够较细致地描述降水、蒸散发、截留、下渗、产汇流、土壤水分运动、坡面汇流和河道汇流等水文循环的各个环节,在流域径流模拟、水土流失、土地利用变化与气候变化的响应等研究领域得到广泛应用。

SWAT 模型所需的输入数据包括空间数据和属性数据。空间数据主要包括数字高程模型(DEM)、土壤图和土地利用图;属性数据主要包括气象数据、水文数据等。构建秃尾河流域 SWAT 模型所需空间数据和属性数据见表4-1。

表4-1 模型主要输入数据

数据类型	数据描述	模型参数	来源
DEM	1:25 万	海拔、坡度、坡向、坡长	USGS
土壤图	1:100 万	土壤名称、密度、结构、机械组成、土壤水分学分组、深度、孔隙度等	中国科学院南京土壤所
土地利用图	1980 年、2010 年	农田、林地、草地、建设用地、水域和未利用地	中国科学院资源环境科学数据中心
气象数据	1965~2010 年	圪丑沟、公草湾、高家堡、高家川、安崖、小河岔、古今滩、狗家滩、凉水井等 9 站日降水、气温、风速、相对湿度数据	中国气象科学数据共享平台
蒸发数据	1965~2010 年	东胜、榆林、神木站日蒸发数据	
流量数据	1965~2010 年	高家堡、高家川站日径流数据	水文统计年鉴

4.3.1.1 DEM 数据

选取 SRTM1 DEM 数据表征流域内海拔。SRTM(Shuttle Radar Topography Mission)由美国航空航天局(NASA)和国防部国家测绘局(NIMA)共同完成,覆盖全球约 80% 的陆地面积。SRTM 数据分为 SRTM3 和 SRTM1 两种,其中

SRTM3 数据分辨率为 $3'' \times 3''$(约 90 m),覆盖范围为 60°N ~ 56°S;SRTM1 数据分辨率为 $1'' \times 1''$(约 30 m)。秃尾河流域 DEM 图如图 4-2 所示,流域海拔起伏变化比较大,从 677 m 到 1 385 m。基于 DEM 提取流域的坡度和坡向特征见图 4-3。

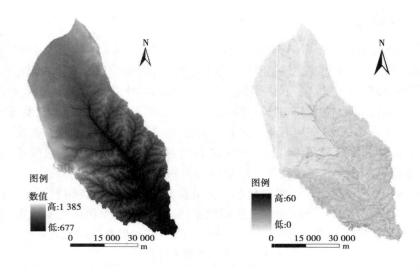

图 4-2　秃尾河流域 DEM 图　　　　　图 4-3　秃尾河流域坡度图

4.3.1.2　土壤数据

流域土壤类型及属性是影响流域水文过程的重要因素。构建流域 SWAT 模型需要流域的土壤类型图(土壤的空间分布数据)和土壤的属性数据(土壤的理化性质)。通过对土壤类型图的分析,获得流域的土壤类型及各类型的分布和面积。由于不同研究区的土壤性质存在很大差异,需根据研究区的土壤类型确定模型所需的各类型土壤参数值。

模型中土壤属性包括物理属性和化学属性。物理属性主要包括土壤机械组成、土壤密度、土壤有效含水量等参数,见表 4-2。化学属性主要包括土壤中各种形态的 N、P 含量等。本研究不涉及营养元素模拟。研究区共有 11 种土壤类型(见图 4-4),主要土壤类型为草原风沙土和黄绵土,占流域总面积的比例超过80%,其中草原风沙土占总面积的 56.2%,黄绵土占总面积的 27.3%。

模型所需的土壤属性的物理参数见表 4-2,其中土壤水文学分组是模型产流模拟的重要参数,美国国家资源保护局(NRCS)土壤调查小组按照土壤渗透属性,将在相同的降雨和地表条件下,具有相似产流能力的土壤划为一个水文学分组,共划分为四类,见表 4-3。

表 4-2　模型土壤物理属性输入文件列表

变量名称	模型定义
TITLE/TEXT	位于.sol 文件的第一行,用于说明文件
SNAM	土壤名称
HYDGRP	土壤水文学分组(A、B、C 或 D)
SOL_ZMX	土壤剖面最大根系深度(mm)
ANION_EXCL	阴离子交换孔隙度,模型默认值为 0.5
SOL_CRK	土壤最大可压缩量,以所占总土壤体积的分数表示,可选
TEXTURE	土壤层的结构
SOL_Z(layer#)	土壤表层到土壤底层的深度(mm)
SOL_BD(layer#)	土壤湿密度(mg/m^3 或 g/cm^3)
SOL_AWC(layer#)	土壤可利用的有效水($mmH_2O/mmsoil$)
SOL_K(layer#)	饱和水力传导系数(mm/h)
SOL_CBN(layer#)	有机碳含量
CLAY(layer#)	黏粒(%),直径 <0.002 mm 的土壤颗粒组成
SILT(layer#)	粉粒(%),直径在 0.002 ~ 0.05 mm 的土壤颗粒组成
SAND(layer#)	砂粒(%),直径在 0.05 ~ 2 mm 的土壤颗粒组成
ROCK(layer#)	砾石(%),直径 >2 mm 的土壤颗粒组成
SOL_ALB(layer#)	地表反射率(湿)
USLE_K(layer#)	USLE 方程中土壤侵蚀力因子
SOL_EC(layer#)	电导率(dS/m)

表 4-3　土壤水文组的划分

土壤分类	土壤水文性质	最小下渗率(mm/h)
A	在完全湿润条件下的渗透率较高,主要由砂砾石组成,导水能力强,产流力低,如厚砂层、厚层黄土等	7.26 ~ 11.43
B	在完全湿润条件下的渗透率为中等水平,这类土壤的排水、导水能力属于中等,如沙壤土等	3.81 ~ 7.26
C	在完全湿润条件下的渗透率较低,此类土壤大多有一个阻碍水流向下运动的土壤层,如黏土壤等	1.27 ~ 3.81
D	土壤的涨水能力很高,如吸水后显著膨胀的土壤、塑性的黏土等	0 ~ 1.27

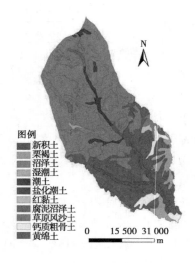

图 4-4　秃尾河流域土壤类型图

4.3.1.3　土地利用数据

　　研究区主要土地利用类型有农田、林地、草地、建设用地、水域和未利用地，将土地利用类型按照 SWAT 中的类别重新划分，对应关系见表 4-4。1980 年和 2010 年土地利用发生显著变化，见图 4-5。虽两个时期土地利用都以草地、农田和未利用地为主，但 1980 年草地占总面积的比例为 33.4%，而 2010 年所占比例上升为 47.33%；农田比例有所下降，但变化不显著；未利用地面积大幅降低，由 1980 年的 33.8% 减少到 2010 年的 20.5%；城镇和农村居民点面积提高幅度最大，由原来的 0.01% 增加到 0.34%；林地和水域面积变化不显著，见图 4-6。

表 4-4　土地利用类型原代码与重分类代码对应关系

原分类		重分类	
代码	类型	SWAT 中类别	代码
12	旱田	Agricultural Land	AGRL
21	有林地	Forest – Mixed	FRST
22	灌林地	Forest – Mixed	FRST
23	疏林地	Forest – Mixed	FRST
24	其他林地	Forest – Mixed	FRST
31	高覆盖草地	Pasture	PAST

续表 4-4

原分类		重分类	
代码	类型	SWAT 中类别	代码
32	中覆盖草地	Pasture	PAST
33	低覆盖草地	Pasture	PAST
41	河渠	Water	WATR
42	湖泊	Water	WATR
43	水库坑塘	Water	WATR
46	滩地	Water	WATR
51	城镇用地		UIDU
52	农村居民点		UIDU
53	公交建设用地		URML
6	未利用地	Southwestern Range	SWRN

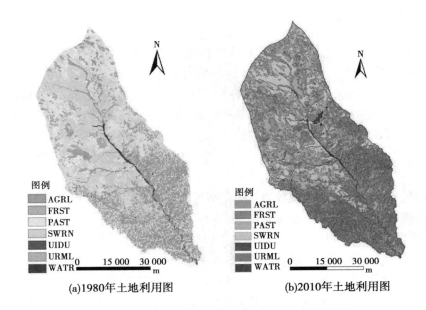

(a)1980年土地利用图　　　　　　(b)2010年土地利用图

图 4-5　1980 年和 2010 年秃尾河流域土地利用图

SWAT Land Use Classification Table

VALUE	Area(%)	LandUseSwat
1	33.40	PAST
2	33.81	SWRN
3	3.88	FRST
4	27.90	AGRL
5	0.88	WATR
6	0.14	URML
7	0.01	UIDU

(a)1980年土地利用中各类型所占比重

SWAT Land Use Classification Table

VALUE	Area(%)	LandUseSwat
1	26.84	AGRL
2	4.09	FRST
3	47.33	PAST
4	0.77	WATR
5	0.34	UIDU
6	0.16	URML
7	20.47	SWRN

(b)2010年土地利用中各类型所占比重

图 4-6　1980 年和 2010 年土地利用中各类型所占比重

4.3.1.4　气象和水文数据

（1）气象数据。采用流域周边榆林和神木站的气象数据。

（2）降雨数据。采用流域内 9 个气象站（主要包括狗家滩、圪丑沟、公草湾、古今滩、小河岔、高家堡、凉水井、安崖、高家川,见图 4-7）日降水数据。

（3）蒸发数据。采用东胜、榆林、神木站（1965 ~ 2010 年）日蒸发数据。

（4）径流数据。采用流域内高家堡水文站和高家川水文站（1965 ~ 2010 年）日径流数据。

4.3.2　子流域划分

利用 ArcGIS 水文分析模块,以 DEM 作为基础输入数据划分子流域,提取不同尺度的河网水系。首先进行 DEM 的洼地填充,然后确定流向,再确定水流累计值,最后提取河网,进行子流域划分。秃尾河流域共划分为 23 个子流域（见图 4-8）,按照 HRU 中土地利用类型、土壤和坡度所占比重超过 5%、20% 和 20% 划分水文响应单元,共分为 97 个 HRU,见图 4-9。

4.3.3　模型率定与验证

当模型的结构和输入参数初步确定后,需对 SWAT 模型进行参数率定和验证。将流域控制站高家川水文站（1965 ~ 1979 年）逐日径流量数据分为两个时期,即率定期（1965 ~ 1974 年）、验证期（1975 ~ 1979 年）,对 SWAT 模型进行率定和验证。选用线性回归系数 R^2 和 Nash – Sutcliffe 效率系数（Ens）评估模型的模拟效果,见式（4-4）和式（4-5）。1965 ~ 1974 年月径流模拟结果（见图 4-10）,模拟的线性回归系数 R^2 为 0.83,Ens 为 0.71,见图 4-11。通常取 $R^2 > 0.6$ 作为模拟值与实测值相关程度评价标准。当 $Ens > 0.5$ 时,模拟结果就可接受。由图 4-10、图 4-11 可知,模拟的月径流量和实际观测的月径流量吻合较好,可较好

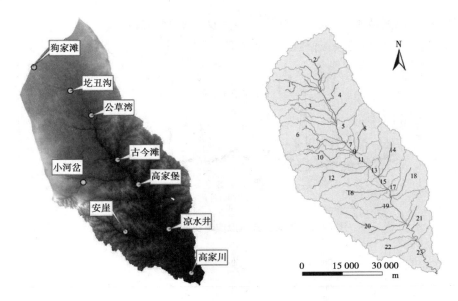

图 4-7　秃尾河流域水文气象站分布图　　图 4-8　子流域和河网图

```
MULTIPLE HRUs  LandUse/Soil/Slope OPTION       THRESHOLDS : 5 / 20 / 20 [%]
Number of HRUs: 97
Number of Subbasins: 23


                                        Area [ha]         Area[acres]

Watershed                               317103.9300       783579.6662


                                        Area [ha]         Area[acres]   %Wat.Area
LANDUSE:
                     Pasture --> PAST   155594.6576       384482.1786    49.07
    Southwestern US (Arid) Range --> SWRN   66028.2745    163159.1676    20.82
      Agricultural Land-Generic --> AGRL   87195.6741     215464.8704    27.50
               Forest-Mixed --> FRST       7642.0637       18883.9215     2.41
                      Water --> WATR        643.2602        1589.5281     0.20

SOILS:
                          FengSha      189429.6482       468090.1321    59.74
                          ZhaoZe         4093.9169        10116.2733     1.29
                          ChaoTu         2951.6279         7293.6200     0.93
                          HuangMian     99159.3500       245027.7118    31.27
                          XinJi           304.6720          752.8599     0.10
                          CuGu           8591.4326        21229.0595     2.71
                          LiHe          12573.2824        31069.2095     3.97

SLOPE:
                          1-9999       317103.9300       783579.6662   100.00
```

图 4-9　HRU 划分信息

地反映实际月径流的变化过程。

（1）相关系数 R^2。

$$R^2 = \left(\frac{\sum_{t=1}^{n} (Q_m^t - \overline{Q_m^t})(Q_o^t - \overline{Q_o^t})}{\sqrt{\sum_{t=1}^{n} (Q_m^t - \overline{Q_m^t})^2 (Q_o^t - \overline{Q_o^t})^2}} \right)^2 \tag{4-4}$$

式中:Q_o 为观测径流量;Q_m 为模拟径流量;$\overline{Q_o}$ 为观测径流量均值。

R^2 越接近 1,说明模拟值越接近观测值。

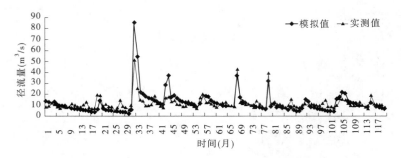

图 4-10　月均径流模拟值与实测值对比图

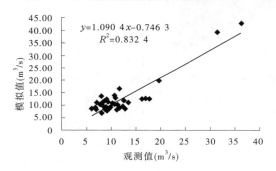

图 4-11　模拟值与实测值的相关系数图

(2)Nash – Sutcliffe 效率系数 Ens。

Nash – Sutcliffe 效率评价方法(Nash and Sutcliffe,1970 年)是评价水文模拟精度的通用方法之一。Nash – Sutcliffe 效率系数 Ens 的公式为

$$Ens = 1 - \frac{\sum_{t=1}^{T}(Q_o^t - Q_m^t)}{\sum_{t=1}^{T}(Q_o^t - \overline{Q_o})} \tag{4-5}$$

式中:Ens 为 Nash – Sutcliffe 效率系数,0 ~ 1,Ens 越接近于 1,模拟精度越高;Q_o 为观测径流量;$\overline{Q_o}$ 为观测流量均值;Q_m 为模拟径流量;t 为时间;T 为径流系列长度。

利用率定后的 SWAT 模型,模拟高家川水文站(1975 ~ 1979 年)月径流量,SWAT 模型模拟的线性回归系数 R^2 为 0.76,Ens 为 0.65。结果表明,验证期模拟的月径流量和实际观测的月径流量吻合度较高,基本可以反映实际月径流的

变化过程。

4.4　SWATMOD 耦合模型构建与率定

4.4.1　水文地质概念模型建立

4.4.1.1　模型范围的确定

　　将 SWAT 模型提取的流域边界及井田范围作为耦合模型的计算区域,有效面积约 210.12 km^2,见图 4-12。河则沟流域、青草界沟流域属于秃尾河水系,海则沟属于东侧的窟野河水系。河则沟流域、青草界沟流域和海则沟流域,是三个汇水盆地,且汇水盆地面积较大,河道及古河道较发育。

图 4-12　耦合模型研究区示意图

4.4.1.2　研究区水文地质条件概化

　　根据研究区钻孔岩芯编录数据以及水文地质资料,在垂向上将地下水系统概化为六层。第 I 层为潜水含水层,第 II 层为弱透水层,第 III ~ VI 层为第一到第四承压含水层。在不改变地下水模型原有假设的前提下,忽略与地下水模拟相关性较低的因子,建立研究区水文地质概念模型,见图 4-13。

　　1. 第 I 层:潜水含水层

　　第四系河谷冲积层(Q_4^{al})潜水与上更新统萨拉乌苏组(Q_{3s})潜水含水层。第四系河谷冲积层(Q_4^{al})潜水主要分布于青草界沟谷阶地及漫滩区,岩性以黄褐色、灰褐色细砂、粉砂为主,局部夹粗砂及砂砾层。

第 I 层 第四系河谷冲积层潜水与上更新统萨拉乌苏组潜水含水层
第 II 层 第四系中更新离石黄土与第三系保德红土弱透水层
第 III 层 上组煤顶板风化基岩承压含水层及烧变岩裂隙孔洞潜水含水层
第 IV 层 上组煤顶板正常基岩弱透水层
第 V 层 中组煤顶板正常基岩弱透水层
第 VI 层 下组煤顶板正常基岩弱透水层

图 4-13   水文地质概念模型

2. 第 II 层:弱透水层

第四系离石组黄土(Q_{2l})与新近系三趾马红土(N_{2b})组成井田主要的弱透水层。离石黄土的岩性为浅棕黄、褐色亚砂土及亚黏土,局部柱状节理发育。三趾马红土岩性为棕红色黏土和亚黏土,结构较致密,富水性极差。因此,将其概化为弱透水层。

3. 第 III 层:第一承压含水层

上组煤(3^{-1}煤层)顶板风化基岩承压含水层及烧变岩裂隙孔洞潜水含水层。该含水层为一套黄绿色、灰黄色中粗粒砂岩、细砂岩,局部为粉砂岩,砂岩成分以石英、长石为主,含有少量云母及暗色矿物,厚层为中厚层状,岩石中等风化到严重风化,风化裂隙发育,渗透性较好。

4. 第 IV 层:第二承压含水层

上组煤(3^{-1}煤层)顶板正常基岩弱透水层。岩性以灰白色－深灰色泥岩、粉砂岩、砂质泥岩为主,见有灰白色细粒砂岩、中粒砂岩和粗粒砂岩,具微波状,小型交错层理、水平层理。

5. 第 V 层:第三承压含水层

中组煤(4^{-2}、4^{-3}、4^{-4}煤层)顶板正常基岩弱透水层。岩性以灰色、深灰色粉砂岩、砂质泥岩为主,灰白色中粒长石砂岩、细粒砂岩次之。发育有微波状小型交错层理、斜层理、水平层理、均匀层理。

6. 第 VI 层:第四承压含水层

下组煤($5^{-2上}$、5^{-2}、5^{-3}煤层)顶板正常基岩弱透水层。本层以灰色、深灰色粉砂岩、泥岩为主,下部为巨厚层状的中－粗粒砂岩。

4.4.2　数学模型建立

根据已有的水文地质条件,在不考虑水密度变化的条件下,将模型概化为非均质、各向异性含水层,研究区地下水水流系统可用微分方程的定解问题表达。结合研究区水文地质条件,地下水运动的基本规律,非均质各向异性介质中的三维非稳定流数学模型,可用式(4-6)表示为

$$
\begin{cases}
S\dfrac{\partial h}{\partial t} = \dfrac{\partial}{\partial x}\Big[K_x\dfrac{\partial h}{\partial t}\Big] + \dfrac{\partial}{\partial y}\Big[K_y\dfrac{\partial h}{\partial t}\Big] + \dfrac{\partial}{\partial z}\Big[K_z\dfrac{\partial h}{\partial t}\Big] + \varepsilon & x,y,z\in\Omega, t\geqslant0 \\[2mm]
\mu\dfrac{\partial h}{\partial t} = K_x\Big[\dfrac{\partial h}{\partial x}\Big]^2 + K_y\Big[\dfrac{\partial h}{\partial y}\Big]^2 + K_z\Big[\dfrac{\partial h}{\partial z}\Big]^2 - \dfrac{\partial h}{\partial z}(K_z+p)+p & x,y,z\in\Gamma_0, t\geqslant0 \\[2mm]
h(x,y,z,t)\big|_{t=0} = h_0 & x,y,z\in\Omega, t\geqslant0 \\[2mm]
h(x,y,z,t)\big|_{\Gamma_1} = h_1 & x,y,z\in\Gamma_1, t\geqslant0 \\[2mm]
K_n\dfrac{\partial h}{\partial\vec{n}}\Big|_{\Gamma_2} = q(x,y,z,t) & x,y,z\in\Gamma_2, t\geqslant0
\end{cases}
$$

$$(4\text{-}6)$$

式中:K_x、K_y、K_z 为分别为 x、y、z 方向的渗透系数,m/d;h 为含水层隔水底板至自由水面的距离,即含水层厚度,m;ε 为含水层的源、汇项,1/d;μ 为潜水含水层在潜水面上的重力给水度;h_0 为水头初始值,m;$h(x,y,z,t)$ 为渗流区第一类边界上的水头函数,m;$q(x,y,z,t)$ 为第二类边界上单位面积的流量,m/d,Γ_0 为潜水面;Γ_1 为渗流区域的第一类边界;Γ_2 为渗流区域的第二类边界;K_n 为边界面法向方向的渗透系数,m/d;Ω 为渗流区域;p 为潜水面上的降水入渗和蒸发,m/d;S 为自由面以下含水层的储水率,1/m;$\vec{n}$ 为边界面的法线方向。

4.4.3　数值模型建立

4.4.3.1　耦合模型计算区离散

根据模拟精度要求和研究区的实际,将井田范围离散为 100 m×100 m 正方形网格,其他区域离散为 200 m×200 m 的正方形网格,共剖分为 166 行、153 列,其中白色区域为有效计算区域,墨绿色区域为无效区域,不参与耦合模型的解算,见图 4-14。垂向上自上而下概化为 6 层,见图 4-15。

垂向上自上而下分别为:第Ⅰ含水岩组(第四系潜水含水层),第Ⅱ含水岩组(第四系中更新离石黄土与第三系红土含水层),第Ⅲ含水岩组(上组煤顶板风化基岩承压含水层及烧变岩裂隙孔洞潜水含水层),第Ⅳ含水岩组(上组煤顶

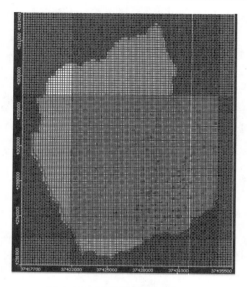

图 4-14　模拟区平面网格剖分

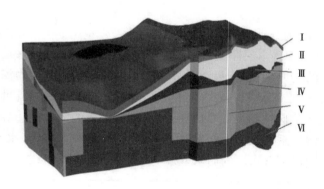

图 4-15　研究区三维模型图

板正常基岩弱透水层),第 V 含水岩组(中组煤顶板正常基岩弱透水层),第 VI 含水岩组(下组煤顶板正常基岩弱透水层)。研究区第 65 行和第 65 列剖面图,见图 4-16、图 4-17。各含水岩组组底埋深分别为:10～40 m、20～60 m、40～100 m、45～140 m、90～200 m、130～280 m,各层顶底板高程见图 4-18～图 4-24。

4.4.3.2　边界条件

模拟范围西南角为秃尾河,将其概化为定水头边界;模拟范围东北角潜水流向窟野河流域,概化为排泄边界,排泄量较小;井田东侧边界潜水流向模拟范围内,概化为补给边界,补给量较小;其余部分为 SWAT 模型提取各子流域,各支

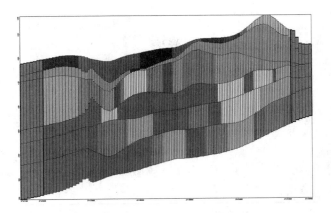

图 4-16　耦合模型第 65 行剖面剖分图

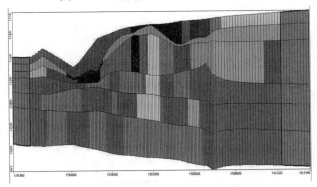

图 4-17　耦合模型第 65 列剖面剖分图

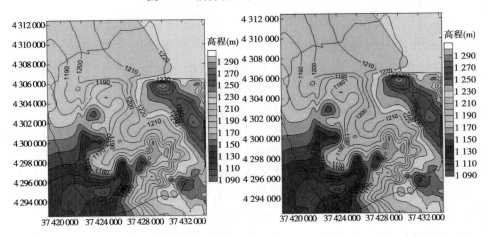

图 4-18　研究区地面高程　　　　　图 4-19　萨拉乌苏组底板高程

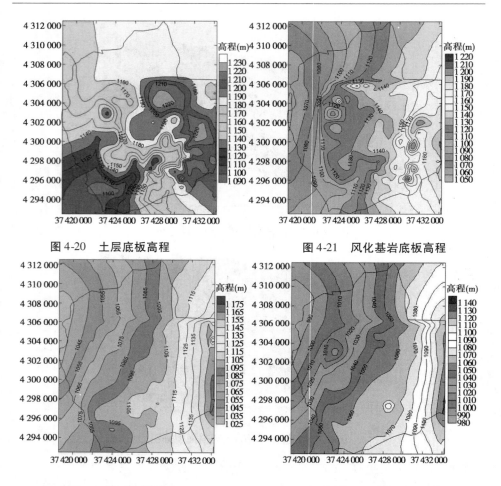

图 4-20　土层底板高程　　　　　　　　图 4-21　风化基岩底板高程

图 4-22　3^{-1}煤顶板高程　　　　　　　　图 4-23　4^{-2}煤顶板高程

流水系的地表分水岭。地表水分水岭与地下水分水岭基本一致,概化为隔水(零流量)边界。第Ⅲ含水岩组(3^{-1}煤顶板风化基岩承压含水层及烧变岩裂隙孔洞潜水含水层)以区域侧向补给为主,并与潜水存在互补关系,主要通过越流或"天窗"顶托方式发生联系。第Ⅲ含水层中风化基岩裂隙水沿岩层倾向由东向西或西北方向运移,地下水流向为近北东—南西方向。因此,锦界井田东部与北部概化为补给边界,井田西部与南部概化为排泄边界,两者均为给定流量的第二类边界,分别用补给井与排泄井模拟第二类流量边界。计算模拟区的上部边界为潜水面,是位置不断变化的水量交换边界,一方面接受大气降水和凝结水补给,是补给边界;另一方面地下水又通过其蒸发,是排泄边界。计算模拟区的下部边界为承压含水层隔水底板,由渗透性很差的泥岩组成,概化为隔水边界。

4.4.3.3　初始流场

　　2012 年神华神东煤炭集团有限公司在锦界煤矿矿区范围内布设了 31 个地下水位观测孔(其中潜水观测孔 13 个,承压水观测孔 18 个),进行长期地下水位观测。根据地下水位观测数据,采用 Kriging 插值法对研究区地下水位分布进行计算,获得模拟初始时刻 2012 年 1 月 5 日第四系潜水含水层初始流场图,如图 4-25 所示,直罗组风化基岩含水层初始流场图,如图 4-26 所示。煤层上

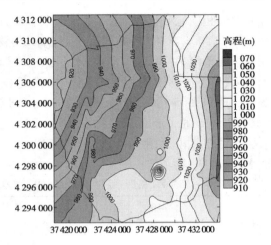

图 4-24　5^{-2} 煤顶板高程

覆基岩缺少分层水位观测数据,基岩弱透水层初始水位采用风化基岩含水层等水位线代替,作为耦合模型的初始流场。

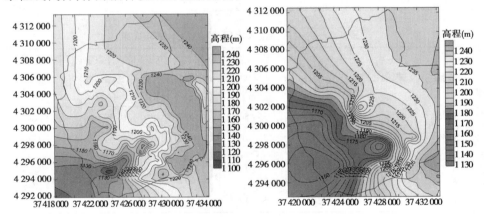

图 4-25　研究区第四系潜水含水层
初始水位线

图 4-26　研究区风化基岩含水层
初始水位线

4.4.3.4　水文地质参数确定

　　水文地质参数是反映源、汇项分布以及水文地质结构的重要数据,主要含水层参数包括渗透系数(K)、潜水含水层重力给水度(μ)及各承压含水层的贮水率(S_s)。水文地质分区主要依据地层岩性和抽水试验成果,参考井田水文地质报告。在综合分析和归纳上述资料的基础上,给出各含水层水文地质参数分区和初值,作为模型调参和拟合的依据。模型中渗透系数设置为水平方向(X、Y

方向取值相同)、垂向方向(渗透系数取水平方向的1/10)。

(1)第Ⅰ含水岩组(第四系潜水含水层)渗透系数。

第四系河谷冲积层(Q_4^{al})潜水主要分布于青草界沟谷阶地及漫滩区,渗透性不均匀,与下伏第四系上更新统萨拉乌苏组(Q_{3s})组成统一的潜水含水层。据地质勘探期间 J605 钻孔,建井期间浅 1、浅 2 号钻孔抽水试验,渗透系数0.632 1 ~ 1.028 2 m/d,抽水试验成果见表4-5。第四系上更新统萨拉乌苏组(Q_{3s})潜水含水层厚度变化较大,平均渗透系数 0.813 ~ 4.760 m/d,富水性以中等为主,钻孔抽水试验,见表4-6。

表 4-5　第四系河谷冲积层(Q_4^{al})潜水含水层抽水试验成果表

孔号	试段时代	静止水位埋深(m)	含水层厚度(m)	静止水位标高(m)	平均单位涌水量(L/(s·m))	平均渗透系数(m/d)	水力性质	平均影响半径(m)
J605	Q_4^{al}	1.25	9.15	1 170.62	0.063 83	0.647 8	潜水	27.74
浅 1	Q_4^{al}		9.50		0.065 3	0.632 1	潜水	20.30
浅 2	Q_4^{al}		7.60		0.079 62	1.028 2	潜水	59.85

表 4-6　萨拉乌苏组含水层(Q_{3s})抽水试验成果

钻孔	试段时代	水位埋深(m)	含水层厚度(m)	平均单位涌水量(L/(s·m))	平均渗透系数(m/d)	平均影响半径(m)
J506	Q_{3s}	15.29	37.50	0.337	0.994	115.00
J706	Q_{3s}	22.70	19.76	0.116	0.813	99.00
Jbs1	Q_{3s}	7.73	40.15	0.373 1	1.204	263.67
观 1	Q_{3s}	9.14	60.86	1.721 7	2.475	106.53
观 2	Q_{3s}	12.93	51.42	0.661 78	1.101	104.58
观 3	Q_{3s}	20.46	23.50	1.277	4.760	80.38
J1212	Q_{3s}	3.08	31.42	0.316 6	1.001	80.77

第Ⅰ含水岩组(第四系潜水含水层)初始渗透系数分区及赋值,主要参考锦界煤矿抽水试验成果及抽水试验得出的砂层渗透系数等值线图,见表4-5、表4-6和图4-27。分区及赋值结果见图4-29(a)、表4-9。

(2)第Ⅱ含水岩组(第四系中更新统离石黄土与第三系红土含水岩组)渗透系数。

第Ⅱ含水岩组渗透系数根据土层分布赋予经验值,在土层缺失地区赋予相

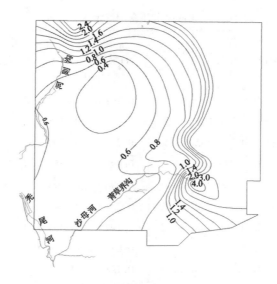

图 4-27　松散砂层渗透系数等值线图

对较大的渗透系数,分区及赋值结果,见图 4-29(b)、表 4-9。

　　(3)第Ⅲ含水岩组(侏罗系直罗组风化基岩孔隙裂隙潜水－承压含水层)渗透系数。

　　直罗组风化基岩含水层除青草界沟外,基本全区分布。钻孔抽水试验数据见表 4-7。钻孔平均涌水量 8.34 m³/h,平均渗透系数 0.501 0 m/d,单位涌水量介于 0.017 3~0.532 8 L/(s·m)。局部上覆土层缺失,因缺少隔水层顶板,风化基岩含水层多与上覆萨拉乌苏组砂层组成统一的含水层,具有潜水水力特征。据抽水试验数据见表 4-8,平均渗透系数 0.843 0 m/d,平均单位涌水量为 0.583 92 L/(s·m),在该区域潜水完全与承压水连通一起。因此,本层渗透系数赋值主要参考抽水试验成果及风化基岩渗透系数等值线图(见图 4-28),分区及赋值结果见图 4-29(c)、表 4-9。

　　(4)各煤层上覆基岩渗透系数主要参照煤层上覆基岩岩性分布等值线及岩性结构赋予经验值,分区及赋值结果见图 4-29(d)、(e)、(f)和表 4-9。

　　综上所述,将整个模型范围内参数共分为 17 个区,见图 4-29,各分区初始水文地质参数见表 4-9。

表 4-7　风化基岩承压含水层抽水试验参数

孔号	孔口标高	含水层厚度（m）	静止水位标高（m）	涌水量（m³/h）	单位涌水量（L/(s·m)）	渗透系数（m/d）	静止水位埋深（m）	水头高度（m）	影响半径（m）
J1311	1 204.340	30.60	1 190.710	8.59	0.291 6	0.859 6	13.63	63.50	76.96
观 30	1 208.765	54.13	1 201.065	8.06	0.318 2	0.495 5	7.70	81.28	50.51
观 29	1 238.042	83.75	1 233.342	5.84	0.210 9	0.200 8	4.70	99.15	34.98
J711	1 235.860	77.16	1 223.560	14.83	0.497 9	0.659 2	12.30	77.16	126.42
J913	1 224.560	37.41	1 220.910	8.01	0.296 8	0.695 1	3.65	78.91	63.36
J806	1 202.610	30.71	1 184.150	5.49	0.231 8	0.647 8	18.46	40.70	54.32
J808	1 222.225	53.70	1 205.445	5.32	0.197 0	0.301 0	16.78	69.42	42.08
J1004	1 180.765	13.05	1 157.385	1.20	0.045 6	0.284 0	23.38	27.67	40.76
J1006	1 196.515	36.10	1 183.525	3.71	0.128 4	0.186 0	12.99	53.11	42.35
J1008	1 203.499	57.00	1 192.759	8.04	0.331 8	0.499 0	10.74	66.76	54.88
J1205	1 183.770	28.82	1 159.000	2.34	0.068 2	0.284 0	24.77	31.55	40.76
J113	1 235.578	13.08	1 226.440	11.18	0.066 7	0.584 0	9.14	58.72	468.97
J311	1 281.222	23.15	1 235.170	6.71	0.017 3	0.672 0	46.05	68.16	97.06
J313	1 248.363	22.60	1 237.260	7.25	0.072 1	0.316 0	11.00	71.90	159.41
J511	1 247.647	77.31	1 229.750	17.77	0.374 5	0.467 2	17.90	85.24	164.09
J513	1 303.699	57.29	1 236.200	7.59	0.378 5	0.537 8	67.50	83.04	40.85
J608	1 222.840	47.25	1 215.440	9.63	0.240 1	0.447 0	7.40	80.85	76.42
检 1	1 236.257	70.88	1 216.440	19.42	0.532 8	0.860 5	19.82	82.81	230.57
J602	1 214.540	27.24	1 188.640	2.11	0.040 2	0.142 0	25.90	39.83	71.67

表 4-8　风化基岩与松散砂层组成的潜水含水层抽水试验参数

孔号	含水层厚度（m）	静止水位标高（m）	涌水量（m³/h）	单位涌水量（L/(s·m)）	渗透系数（m/d）	影响半径（m）
J1113	82.15	1 215.32	46.35	1.925 1	2.481 3	204.59
J911	82.73	1 215.78	9.91	0.197 1	0.223 6	80.85
J1307	50.27	1 158.54	10.66	0.334 9	0.682	113.03
观 28	70.38	1 218.66	23.59	0.646 5	0.995	180.52

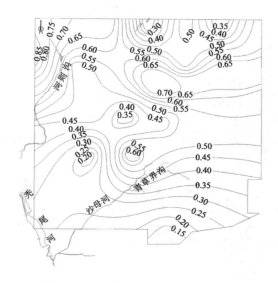

图 4-28　风化基岩渗透系数等值线图

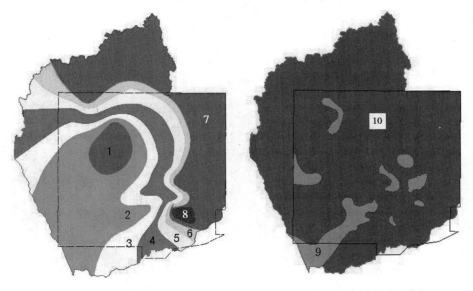

(a)第 Ⅰ 含水层渗透系数分区　　　　(b)第 Ⅱ 含水层渗透系数分区

图 4-29　第 Ⅰ ~ Ⅵ含水层渗透系数分区

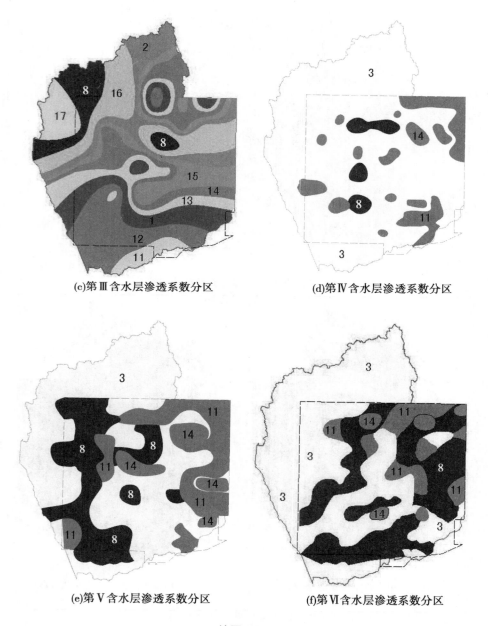

(c)第Ⅲ含水层渗透系数分区　　　　　　(d)第Ⅳ含水层渗透系数分区

(e)第Ⅴ含水层渗透系数分区　　　　　　(f)第Ⅵ含水层渗透系数分区

续图4-29

表 4-9　耦合模型主要水文地质参数初始分区

分层	分区	K_x(m/s)	K_y(m/s)	K_z(m/s)	给水度 μ	贮水率 S_s
第 I 层	1	4.63E－06	4.63E－06	4.63E－07	0.08	—
	2	6.94E－06	6.94E－06	6.94E－07	0.09	—
	3	9.26E－06	9.26E－06	9.26E－07	0.10	—
	4	1.39E－05	1.39E－05	1.39E－06	0.12	—
	5	1.85E－05	1.85E－05	1.85E－06	0.14	—
	6	2.31E－05	2.31E－05	1.85E－06	0.16	—
	7	2.78E－05	2.78E－05	2.78E－06	0.20	—
	8	3.47E－05	3.47E－05	3.47E－06	0.18	—
第 II 层	9	1.16E－10	1.16E－10	1.16E－11	1E－20	1E－20
	10	5.79E－09	5.79E－09	5.79E－10	1E－15	1E－15
第 III 层	1	4.63E－06	4.63E－06	4.63E－07	0.08	
	2	6.94E－06	6.94E－06	6.94E－07	0.09	
	8	3.47E－05	3.47E－05	3.47E－06	0.18	
	11	2.31E－06	2.31E－06	2.31E－07	—	1.3E－05
	12	3.47E－06	3.47E－06	3.47E－07	—	1.5E－05
	13	5.21E－06	5.21E－06	5.21E－07	—	1.8E－05
	14	5.79E－06	5.79E－06	5.79E－07	—	2.2E－05
	15	6.37E－06	6.37E－06	6.37E－07	—	2.6E－05
	16	8.107E－06	8.107E－06	8.107E－07	—	3.2E－05
	17	9.84E－06	9.84E－06	9.84E－07	—	3.6E－05
第 IV ~ VI 层	3	9.26E－06	9.26E－06	9.26E－07	0.10	—
	8	3.47E－05	3.47E－05	3.47E－06	0.18	—
	11	3.47E－05	3.47E－05	3.47E－06	0.18	—
	14	5.79E－06	5.79E－06	5.79E－07	—	2.2E－05

4.4.3.5　源、汇项处理

源、汇项是煤炭开采区地下水位动态变化的根本原因,控制着整个地下水含水系统的变化。因此,源、汇项处理在耦合模型的建立过程中具有重要作用。总

体上讲,处理源、汇项主要有两种方式:①以面状强度的形式进行补给或排泄;
②以点状的形式参与耦合模型的补给和排泄,且活动单元格中这两种处理形式
同时参与。研究区主要接受大气降水补给,另外有地下水的侧向补给和凝结水
补给;排泄项主要以煤矿开采抽取地下水为主,还有西南方向的侧向流出量及蒸
发排泄量。

　1.地表入渗净补给量

　　SWATMOD 模型中的地下水补给量是将 SWAT 模型中每个 HRU 的地下水补
给计算值,结合研究区渗透系数分区和潜水位埋深分布图,见图 4-29(a)、图 4-30。
经地表水入渗滞后性计算后得出地表水补给量,见图 4-31。利用 HRU - cells 交互
界面将逐月滞后补给量的空间分布赋值给相应的地下水单元网格。

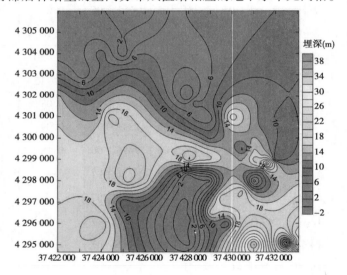

图 4-30　研究区潜水位埋深分布图

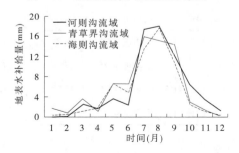

图 4-31　研究区不同流域地表水滞后补给图

2. 地下水的侧向补给

风化基岩裂隙水存在侧向径流,取北西—南东向计算断面,风化基岩厚度 4 ~ 80 m,钻孔统计平均厚度 45.01 m,计算断面取最大长度 13.52 km,全区 31 个钻孔平均渗透系数为 0.503 m/d,水力坡度为 0.009 929 5,则风化基岩裂隙水侧向补给量为

$$Q_{侧向} = K \cdot M \cdot J \cdot L \approx 0.302\ 7\ 万 m^3/d \tag{4-7}$$

3. 煤矿开采抽取地下水量

研究区内煤矿开采抽取地下水量以煤矿开采期间各个工作面实际涌水量为基础,按其分布处理为单井,将抽水量分配到相应的计算单元上,采用井(Well)模块输入。

4.4.4　耦合模型率定

模型识别计算时期为 2012 年 1 月 1 日至 12 月 31 日,以 30 d 作为一个应力期,每个应力期内包含 1.16 个时间步长。将水文地质概念模型导入 SWATMOD 耦合模型,采用预测校正法调整水文地质参数,通过地下水流场和地下水位过程线对模型进行率定,直到耦合模型的计算结果和实际观测结果的误差指标值达到精度要求,停止迭代。通过反复调试参数,使模拟值尽可能与观测值吻合。地下水流场拟合效果见图 4-32、图 4-33。

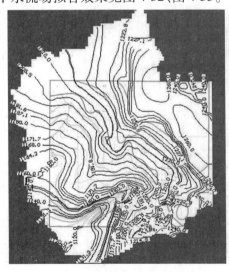 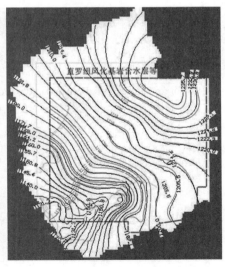

图 4-32　第四系潜水含水层　　　　图 4-33　风化基岩含水层
　　等水位线拟合图　　　　　　　　等水位线拟合图

由图 4-32、图 4-33 可知:耦合模型模拟的地下水位和实测的地下水位变化趋

势基本一致。但对于海则沟流域及井田西北角附近耦合模型的模拟结果和实测值的误差值无法准确计算,特别是在 J113 和 G1 附近,研究区实测地下水流场资料相对较少,模拟的地下水流场总体趋势与实测流场变化基本相同,但模拟值比实测值低 0.5～0.8 m。J309 以东无实测地下水位数据,耦合模拟计算的地下水位值为 1 260 m,这与该地区处于海则沟流域排泄区密切相关。对于观测井分布比较集中的区域,如河则沟附近、观 30、J1212、J1311 等观测井分布,地下水位观测值和模拟值之间的误差较小,模拟的地下水流场与实际流场的吻合度较高,加之地下水位在 1 110～1 235 m,水位本底值较大,相对误差较小,这也是耦合模型模拟的地下水流场与实测的地下水流场拟合度较高的重要原因。

研究区内共 31 个地下水位观测点(其中潜水观测孔 13 个,承压水观测孔 18 个),其水位过程线拟合后,平均绝对误差为 -0.075 5～1.42 m,其中 23 个观测孔的平均绝对误差小于 0.5 m,6 个观测孔的平均绝对误差介于 0.5～1 m,2 个观测孔的平均绝对误差大于 1 m,拟合效果较为理想。典型观测孔计算水位和观测水位的拟合图见图 4-34。由图 4-34 可知,典型长观孔模拟值和实测水头变化趋势一致,表明耦合模型水文地质条件概化较为合理,率定后的模型参数基本可以反映锦界煤矿开采的实际。率定后地下水水文地质参数和水位拟合误差指标,见表 4-10、表 4-11。

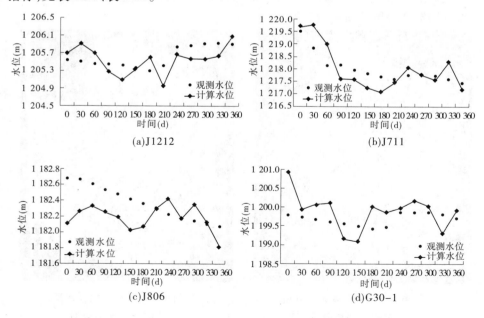

图 4-34　率定期 6 个典型观测孔地下水位拟合图

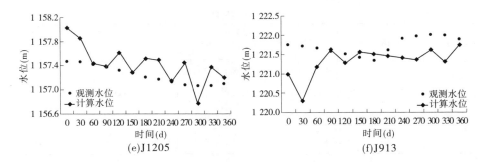

(e)J1205　　　　　　　　　　　(f)J913

续图 4-34

表 4-10　耦合模型率定后主要水文地质参数分区

分层	分区	K_x(m/s)	K_y(m/s)	K_z(m/s)	给水度 μ	贮水率 S_s
第 I 层	1	5.79E – 06	5.79E – 06	5.79E – 07	0.08	—
	2	9.26E – 06	9.26E – 06	9.26E – 07	0.09	—
	3	1.39E – 05	1.39E – 05	1.39E – 06	0.10	—
	4	1.97E – 05	1.97E – 05	1.97E – 06	0.12	—
	5	9.26E – 06	9.26E – 06	9.26E – 07	0.14	—
	6	2.31E – 05	2.31E – 05	2.31E – 06	0.16	—
	7	3.7E – 05	3.7E – 05	3.7E – 06	0.20	—
	8	2.78E – 05	2.78E – 05	2.78E – 06	0.18	—
第 II 层	9	1.16E – 10	1.16E – 10	1.16E – 11	1E – 20	1E – 20
	10	5.79E – 09	5.79E – 09	5.79E – 10	1E – 15	1E – 15
第 III 层	1	5.79E – 06	5.79E – 06	5.79E – 07	0.08	—
	2	9.26E – 06	9.26E – 06	9.26E – 07	0.09	—
	8	2.78E – 05	2.78E – 05	2.78E – 06	0.18	—
	11	2.78E – 05	2.78E – 05	2.78E – 06	0.18	1.3E – 05
	12	3.47E – 06	3.47E – 06	3.47E – 07	—	1.5E – 05
	13	5.21E – 06	5.21E – 06	5.21E – 07	—	1.8E – 05
	14	4.63E – 06	4.63E – 06	4.63E – 07	—	2.2E – 05
	15	6.37E – 06	6.37E – 06	6.37E – 07	—	2.6E – 05
	16	8.1E – 06	8.1E – 06	8.1E – 07	—	3.2E – 05
	17	1.16E – 05	1.16E – 05	1.16E – 06	—	3.6E – 05

续表 4-10

分层	分区	K_x(m/s)	K_y(m/s)	K_z(m/s)	给水度 μ	贮水率 S_s
第Ⅳ~Ⅵ层	3	1.39E−05	1.39E−05	1.39E−06	0.10	—
	8	2.78E−05	2.78E−05	2.78E−06	0.18	—
	11	2.78E−05	2.78E−05	2.78E−06	0.18	—
	14	4.63E−06	4.63E−06	4.63E−07	—	2.2E−05

4.5 地表水 – 地下水耦合模型验证

4.5.1 SWAT 模型验证

利用率定后的 SWAT 模型对锦界煤矿及所在的区域进行水文模拟,主要数据输入包括 2010 年土地利用数据(与 2012 年相近,代替 2012 年的土地利用数据),2012 年圪丑沟、公草湾、高家堡、高家川、安崖、古今滩、狗家滩、小河岔、凉水井等 9 个雨量站日降水、温度、湿度、风速等数据,2012 年东胜、榆林、神木站日蒸发数据,2012 年高家堡水文站日径流数据。2012 年河则沟和青草界沟实测日均流量分别为 11 747.4 m³/d、13 238.9 m³/d。SWAT 模型模拟的 2012 年青草界沟和河则沟日均流量之和为 26 796.2 m³/d,比实测日流量之和大 1 809.90 m³/d,误差比例 7.24%,在误差允许范围之内。率定后的 SWAT 模型模拟的效果较理想,可以用于青草界沟和河则沟所在区域的地表径流模拟和预测。

4.5.2 耦合模型验证

利用率定后的 SWATMOD 模型对研究区现状开采条件下地下水流场变化进行模拟。选取 2013 年 1 月 1 日至 5 月 31 日作为模型验证时段,每个月作为一个地下水开采应力期,共分 12 个应力期,每个应力期 1.16 个时间步长。2013 年 5 月 31 日地下水位拟合曲线,见图 4-35。利用误差指标评价耦合模型模拟效果,见表 4-11。

由图 4-35 和表 4-11 可知,验证期耦合模型模拟的地下水位与实测地下水位的吻合度较高,验证期平均残差在 −0.005~1.12 m,平均绝对残差为 0.321 m,其中 26 个观测孔的平均绝对误差小于 0.5 m,4 个观测孔的平均绝对误差介于 0.5~1 m,1 个观测孔的平均绝对误差大于 1 m。SWATMOD 模型计算的地下水位和实测结果拟合效果较好,表明模型水文地质条件概化合理,水文地质参数等

表 4-11　率定期和验证期典型观测孔地下水位观测值与计算值误差指标

时段	孔号	平均绝对误差（m）	标准误差估计（m）	均方根（m）	相关系数
率定期	J1212	0.094 5	– 0.054 1	0.094 5	0.718 0
	J711	– 0.075 5	– 0.314 3	– 0.020 9	0.864 3
	J806	0.180 8	0.054 7	0.180 8	0.223 5
	G30 – 1	0.087 7	0.226 5	0.087 74	0.589 0
	J1205	– 0.175 4	– 0.162 7	– 0.175 4	0.720 4
	J913	0.393 8	– 0.144 9	0.393 8	– 0.013 1
验证期	J1212	0.124 1	– 0.111 6	0.182 7	0.658 6
	J711	0.053 9	– 0.316 8	0.032 4	0.678 6
	J806	0.168 3	– 0.096 2	0.168 3	0.393 1
	G30 – 1	– 0.005	– 0.000 6	– 0.005	0.999 2
	J1205	– 0.216 7	– 0.155 4	– 0.216 7	– 0.524 6
	J913	0.230 0	– 0.131 4	0.229 9	– 0.349 9

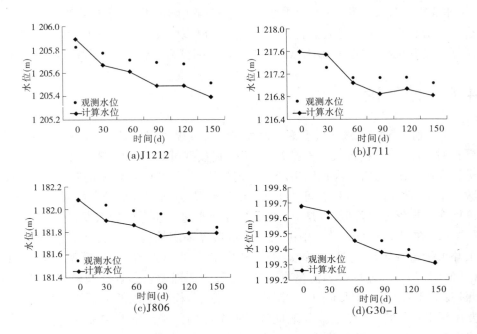

图 4-35　验证期 6 个典型观测孔地下水位拟合图

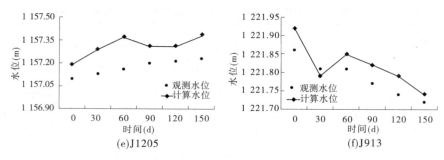

续图 4-35

取值较准确,模型运行稳定,能较为准确地模拟研究区地表水水文过程、地下水动力过程及动态变化,可以用于不同煤炭开采情景下地表水和地下水转化的计算和预测。

为合理对比率定期和验证期耦合模型模拟的精确程度,选用多个误差指标值进行对比,见表 4-11。由表 4-11 可知,相对于率定期,验证期平均绝对误差和均方根较低,这不仅与煤矿持续开采,导水裂隙带、地裂缝等不断发生、发展及地下水渗漏量增大有关,还与地下水位埋深增大、获得有效补给量的减少有关。此外,水文地质模型概化、水文地质参数的选取与实际的差异性,边界条件处理的合理性等也在一定程度上影响了耦合模型的模拟精度。从整体上看,无论是率定期还是验证期,SWATMOD 模型模拟的效果都较为理想。

4.6　讨　论

(1)利用 SWAT 水文模型模拟地表水水文过程,需要大量的参数,特别是需要长时间序列、连续日数据资料等,由于受到数据可获性的限制,部分参数难以进行准确率定,这将对模拟结果产生一定的影响。此外,在模型的输入数据中,数据来源、数据的时间和空间尺度有一定的差异,这种差异会导致模型模拟的准确性在一定程度上降低,也是下一步研究中需要进一步考虑的因素。

(2)在 MODFLOW 模拟中第二类流量边界采用抽(注)水井模拟。抽(注)水井水量的确定受到渗透系数、水力梯度等多种因素的影响,模型输入的抽(注)水量与实际流场中的流量有一定差异,一定程度上影响模型模拟的精度。此外,受开采盘区、开采时间、开采顺序等的限制,模型输入的地下水开采量(主要用涌水量代替)不可能准确地反映模型范围内开采量的时空变化,对模型模拟准确度造成一定影响,需进一步深入研究。

4.7　小　结

　　本章主要针对地表水入渗补给的滞后性和现有的 MODFLOW 中的 RCH 子程序无法在其内部实现垂向上对多层单元格补给的表达这两个问题进行了优化处理,构建了更加符合研究区水文和水文地质特征的地表水－地下水耦合模型,并将其应用于锦界煤矿采煤工程实例中,经率定,SWATMOD 模型计算的地下水位和实测结果拟合效果较好,表明模型水文地质条件概化合理,水文地质参数等取值较准确,模型运行稳定,能较为准确地模拟研究区地表水水文过程、地下水动力过程及动态变化,可以用于不同煤炭开采情景下地表水和地下水转化的计算和预测。

第 5 章　情景模拟和采煤沉陷预计

高强度的煤炭开采已造成青草界沟上游沿岸、钻孔 J103 和钻孔 J405 所在区域,面积约 11.38 km^2,泉流量急剧衰减,甚至干涸,影响秃尾河基流量。受开采条件、开采方法、开采顺序等因素影响,不同位置、不同时期地下水位和地表沉陷量并不相同,对河川径流的影响程度存在差异。因此,有必要利用验证后的耦合模型,模拟不同情景方案下地下水位的变化,进而在考虑地表变形对地表水水文过程和地下水动力过程影响的基础上,叠加开采沉陷预测模块,最终实现地表水 – 开采沉陷 – 地下水的联合模拟。

5.1　情景方案设置

5.1.1　情景方案设置原则

煤炭开采对河川径流的影响,不仅受矿区综合规划、矿井所在区域水文地质条件、开采设计规划、开采顺序等因素的影响,更受到煤炭开采量及矿井涌水量的影响。因此,通过对榆神矿区二期综合规划、锦界煤矿所在区域水文地质条件、开采设计规划、开采顺序等的分析,结合不同时期涌水量动态变化数据,设定和构建情景方案。情景方案构建原则如下:

（1）依据涌水量动态变化。结合不同开采时期采煤量和矿井涌水量监测数据,进行情景设置,以反映不同时期地下水位动态变化。

（2）遵循开采规划及开采顺序。情景方案的设定严格遵循锦界煤矿的盘区划分、开采规划和开采顺序。

（3）突出不同开采年限。情景方案的设定考虑开采年限的对比,以反映不同开采时期对河川径流的影响。

5.1.2　情景方案构建

根据情景方案设定原则,把锦界煤矿及所在区域设定为现状开采情景 A、开采量相对稳定情景 B、最大开采情景 C,方案设计主要突出开采年限（10 a、20 a、30 a）。每种情景设置 3 种方案,共计 9 种方案,见表 5-1。通过多组对照方案,实现不同情景、不同时期地下水动态变化的预测。耦合模型模拟时间步长为 1

年,模拟时段从 2012 年 1 月 1 日起至 2036 年 12 月 31 日,共 25 年。模拟锦界煤矿及所在区域的地下水位及埋深变化规律。

表 5-1 不同情景方案构建

情景	开采年限	方案名称	预测时段
A	10 a	A1	2012 ~ 2016 年
	20 a	A2	2017 ~ 2026 年
	30 a	A3	2027 ~ 2036 年
B	10 a	B1	2012 ~ 2016 年
	20 a	B2	2017 ~ 2026 年
	30 a	B3	2027 ~ 2036 年
C	10 a	C1	2012 ~ 2016 年
	20 a	C2	2017 ~ 2026 年
	30 a	C3	2027 ~ 2036 年

(1)现状开采情景 A:主要用于分析现状降水和开采强度情景下,研究区 A1 方案未来 5 a(2012 ~ 2016 年)、A2 方案未来 15 a(2017 ~ 2026 年)及 A3 方案未来 25 a(2027 ~ 2036 年),即煤矿开采 10 a、20 a、30 a 含水层水位及埋深变化情况。A 情景中,降水补给量由验证期 SWAT 模型通过 HRU - cells 交互界面,经滞后入渗补给计算输入耦合模型,煤矿开采强度(主要是矿井涌水量)取 2012 ~ 2013 年月均矿井涌水量值。

(2)开采量相对稳定情景 B:主要用于分析开采量相对稳定情景下,研究区 B1 方案未来 5 a(2012 ~ 2016 年)、B2 方案未来 15 a(2017 ~ 2026 年)及 B3 方案未来 25 a(2027 ~ 2036 年),即煤矿开采 10 a、20 a、30 a 含水层水位及埋深变化情况。B 情景中,降水补给量取多年平均值,通过 HRU - cells 交互界面,经滞后入渗补给计算输入耦合模型,煤矿开采强度(主要是矿井涌水量)取矿井涌水量基本稳定值。

(3)最大开采情景 C:主要用于分析最大涌水量情景下,研究区 C1 方案未来 5 a(2012 ~ 2016 年)、C2 方案未来 15 a(2017 ~ 2026 年)及 C3 方案未来 25 a(2027 ~ 2036 年),即煤矿开采 10 a、20 a、30 a 含水层水位及埋深变化情况。C 情景中,降水补给量采用多年平均值,通过 HRU - cells 交互界面,经滞后入渗补给计算输入耦合模型,煤矿开采强度(主要是矿井涌水量)取月均矿井涌水量的最大值。

5.2　情景方案模拟

5.2.1　矿井涌水量动态变化

锦界煤矿于 2006 年 9 月底开始试生产,11 月后投入正常运行状态。从 2006 年 9 月底开始神东地测公司锦界地测站依据矿井的开采进度,设定井下观测点,开展矿井涌水量的监测工作,用以查明矿井涌水点位及出水情况。2006 年 9 月监测 1 次,2006 年 10 月监测 3 次。2006 年 11~12 月进行日均涌水量监测。从 2007 年 1 月至 2014 年 2 月,每月的上、中、下旬各监测 2 次,期间根据生产进度加密监测。因此,本次采用锦界井田 2006 年 9 月至 2014 年 2 月实测涌水量数据,见图 5-1。

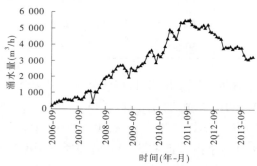

图 5-1　月均涌水量动态变化图

由图 5-1 可知,锦界煤矿自 2006 年建成投产到 2011 年 8 月矿井涌水量总体呈逐年增加趋势。矿井涌水量的增加主要与原煤产量逐年增加,采空面积逐渐扩大,探放水钻孔数量和放水量的增加有关。2011 年 8 月后矿井涌水量呈缓慢下降且趋于稳定的趋势,主要与采煤量增幅相对稳定、矿井涌水量高峰期已过有关。2006 年 9 月至 2014 年 2 月,月均涌水量为 2 926.23 m³/h,最大涌水量为 5 428.5 m³/h(2011 年 8 月),最小涌水量为 181.2 m³/h (2006 年 9 月);2012 年 1 月至 2013 年 12 月,月均涌水量为 4 253.99 m³/h。因此,现状开采情景下涌水量取 4 300 m³/h。2014 年后,矿井涌水量有趋于稳定的趋势,大致在 3 000~3 700 m³/h 波动,开采量相对稳定期涌水量取值为 3 500 m³/h。因此,最大开采情景下涌水量取 5 500 m³/h,现状开采情景下涌水量取 4 300 m³/h,开采量相对稳定情景下涌水量取 3 500 m³/h。

5.2.2　情景方案模拟

在不改变现有开采布局、利用率定和验证后的 SWATMOD 耦合模型,在现状涌水量 4 300 m³/h、相对稳定涌水量 3 500 m³/h 及最大涌水量 5 500 m³/h 的情景下,分别运行模型至 2036 年 12 月 31 日,预测三种情景下,开采 10 a、20 a、30 a 第四系潜水含水层和风化基岩含水层地下水位流场及埋深变化趋势,见表 5-2。通过对研究区第四系潜水含水层地下水位变化数据的整理,得到研究区现状开采情景不同开采方案下第四系潜水位埋深和降深(见图 5-2)。以现状开采条件下(4 300 m³/h)为例,提取 2016 年、2026 年、2036 年末时刻地下水位埋深和水位降深变化图,分析第四系潜水位变化规律。

表 5-2　各情景方案地下水位变动表

情景方案		第四系潜水		风化基岩含水层	
		最大降深(m)/所在盘区	最大/最小埋深(m)	最大降深(m)	所在盘区
情景 A	A1	28/1	52/10	81	4
	A2	32/2	42/5	84	4
	A3	22/3	25/9	37	4
情景 B	B1	19/1	50/8	45	4
	B2	22/2	40/3	49	4
	B3	13/3	15/6	15	4
情景 C	C1	34/1	60/13	90	4
	C2	37/2	56/7	94	4
	C3	26/3	32/10	40	4

由表 5-2 可知:

(1)现状涌水量 4 300 m³/h,相对稳定涌水量 3 500 m³/h 及最大涌水量 5 500 m³/h 情景下均表现出,随着开采量增大,潜水位、风化基岩含水层水位埋深、降深呈增大趋势。以开采 10 a 为例,在 A1、B1、C1 方案中第四系潜水位降深最大的为 C1(开采量 5 500 m³/h,开采 10 a),最大降深为 10 ~ 34 m,最大水位埋深 60 m。同样,风化基岩含水层中的最大水位降深也为开采量最大的 C1 方案。

(2)随着开采时间的持续,地下水位总体呈下降趋势,但下降幅度一般在开采初期水位降深剧烈、幅度大。随着开采年限的延长,地下水位尤其是第四系潜水含水层降深有一定程度的恢复,主要是受地层应力的作用,导水裂隙带经历了扩张—收缩—稳定的过程,加之导水裂隙带导水过程中受充填物弥合作用的影响,导水能力逐渐减弱。

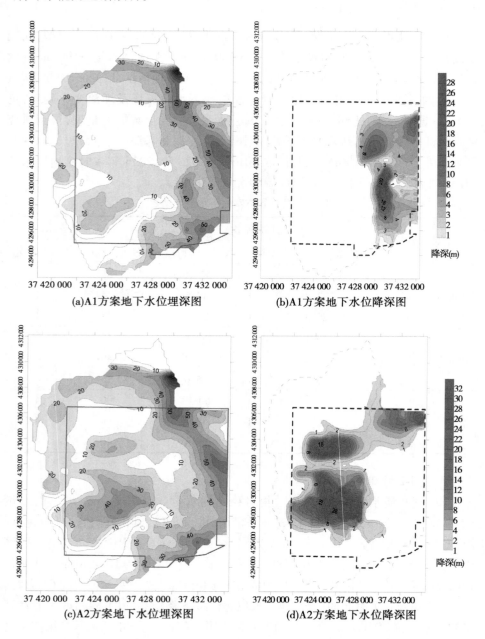

(a)A1方案地下水位埋深图　　　(b)A1方案地下水位降深图

(c)A2方案地下水位埋深图　　　(d)A2方案地下水位降深图

图 5-2　潜水含水层 A1、A2、A3 方案地下水位埋深及地下水位降深变化图

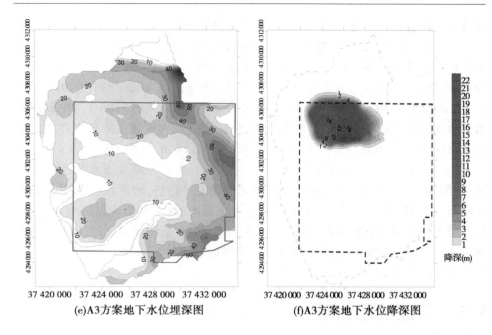

(e)A3方案地下水位埋深图　　(f)A3方案地下水位降深图

续图 5-2

（3）随着开采时间的延长，相同情景不同开采方案下，潜水位的最大降深主要发生在 1、2 盘区，而风化基岩含水层最大水位降深均发生在 4 盘区。潜水位的下降与当前煤矿开采工作面主要集中在 1 盘区和 2 盘区密切相关。风化基岩含水层水位降低主要集中在 4 盘区，不仅与矿区接续计划中主要开采 4 盘区有关，还与风化基岩中地下水由东北向西南排泄密切相关，这也是 4 盘区地下水位降幅较其他盘区大的重要原因。此外，风化基岩 2、3 盘区的水位下降较慢，主要与含水层富水区主要集中在 2、3 盘区，2、3 盘区河则沟、青草界沟流域黄土隔水层在这些地区缺失，造成"漏斗"，第四系松散层潜水直接补给风化基岩含水层有关，还与青草界沟河道和古河道以径流的方式补给风化基岩含水层有关，在上述两方面共同作用下，一定程度上减缓了风化基岩含水层水位在这两盘区水位的下降。

由图 5-2 可知：

（1）煤矿开采 10 a 后，到 2016 年末研究区东部和北部埋深较深，一般在 30 ~ 50 m，其中海则沟流域埋深为 28.6 ~ 48.56 m；河则沟流域和青草界沟沟道水位埋深较浅，一般 0 ~ 9.87 m，其余地区地下水埋深集中在 10.05 ~ 20.12 m，见图 5-2(a)。煤矿开采 10 a 潜水位降深最大区域集中在 1 盘区西北部，中心降深达 27.95 m，降深大于 20 m，影响严重区域面积约为 2.62 km²；其次为矿区开采接续计划中 4 盘区中西部,水位降深在 4 ~ 9 m,见图 5-2(b)。

(2)开采量保持不变,随开采时间的持续,到 2026 年末研究区东部和北部水位埋深仍在 30 ~ 50 m,河则沟及其东部水位埋深 0 ~ 10 m,白色区域显著减少,淡蓝色 10 ~ 20 m 区域增加;同时 2、3 盘区中部水位埋深分别由 2016 年的 0 ~ 10 m 增大为 10 ~ 20 m,10 ~ 20 m 增大为 20 ~ 40 m,见图 5-2(c)。2026 年末水位降深与水位埋深变化趋势基本一致,降深幅度较大区域主要集中在 2 盘区和 3 盘区,2 盘区下降幅度最大,中心部位下降 31.79 m,见图 5-2(d)。

(3)随着煤矿开采的不断持续,2036 年末除井田西北部地下水位埋深增加外,河则沟东部地下水位较 2026 年末时刻呈现上升趋势,地下水位埋深由 2026 年末时刻的 10 ~ 20 m 上升为 10 m 左右;井田西南部(主要为 3 盘区中下部)水位也呈上升趋势,见图 5-2(e),这与锦界井田已达产密切相关。2036 年末时刻地下水位降幅最大集中在井田的西北部边界区域,最大水位降深为 18 ~ 22 m,中心部位降深为 21.83 m,见图 5-2(f)。

5.3   采煤沉陷预计

5.3.1   概率积分法原理

概率积分法认为,介质是由类似砂粒或相对来说很小的岩块介质颗粒组成的,各颗粒之间失去原有的联系,可发生相对运动。颗粒介质的运动可以用颗粒的随机移动来表征,颗粒介质的移动可看作是随机过程。若颗粒介质被看作不同行列的小球排列在一系列方格中。若上层方格中的某个小球被移走,在重力作用下,上一层相邻方格中的小球滚落下来填充下面被移走的空洞的过程完全是随机的,且具有相同的概率。该过程重复循环发展至地表,在地表形成下沉盆地。地表下沉盆地的形态趋近于正态的概率分布密度曲线,可用柯尔莫哥洛夫方程式表示。学者们为进一步完善概率积分法,试图将该方法同几何学结合在一起,从几何学角度阐述地表移动规律,提出了高斯影响曲线。实践证明,采用高斯曲线作为开采的连续影响曲线使其更加严密、更符合实际。因此,该方法在国内外得到了广泛应用,我国也将其作为"三下规程"的指定方法。

5.3.2   沉陷预计模型

"三下规程"中所推荐的概率积分法模型描述如下:倾斜煤层中开采某单元 i,见图 5-3,任意一单元开采引起地表(X,Y)的下沉(最终值)见式(5-1)。

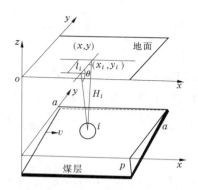

图 5-3　地表沉陷预计模型的坐标系统

$$W_{eoi}(x,y) = \frac{1}{r^2} \cdot e^{[-\pi(x-x_i)^2/r^2]} \cdot e^{[-\pi(y-y_i+l_i)^2/r^2]} \tag{5-1}$$

式中：r 为主要影响半径，$r = H_0/\tan\beta$；H_0 为平均采深；$\tan\beta$ 为预计参数，为主要影响角 β 之正切；$l_i = H_i\cot\theta$，θ 为预计参数，为最大下沉角；(x_i,y_i) 为 i 单元中心点的平面坐标；(x,y) 为地表任意一点的坐标。

（1）当工作面范围为 $0 \sim p$（p 为工作面走向长，m）、$0 \sim a$（a 为工作面沿倾斜方向的水平距离，m）组成的矩形时。

①地表任一点的下沉可用式（5-2）表示，也可改写为式（5-3）。同理，可推导出地表 (x,y) 的其他移动变形值。除下沉外，其他移动变形都具有方向性，需对同一点沿各个方向的下沉盆地求方向导数，再积分。

$$W(x,y) = W_{\max}\iint W_{eoi}(x,y)\,\mathrm{d}x\mathrm{d}y \tag{5-2}$$

$$W(x,y) = \frac{1}{W_{\max}} \times W_{\max}(x) \times W_{\max}(y) \tag{5-3}$$

式中：$W_{\max}$ 为走向和倾向均达到充分采动时的地表最大下沉值，mm，$W_{\max} = mq\cos\alpha$，m 为煤层开采厚度，mm，q 为预计参数、下沉系数；$W_{\max}(x)$ 为倾向方向达到充分采动时走向主断面上横坐标为 x 的点的下沉值；$W_{\max}(y)$ 为走向方向达到充分采动时倾向主断面上横坐标为 y 的点的下沉值。

②沿 φ 方向的倾斜 $i(x,y,\varphi)$。

设 φ 角为从 x 轴的正向沿逆时针方向与指定预计方向所夹的角度。坐标为 (x,y) 的点沿 φ 方向的倾斜为下沉 $W(x,y)$ 在 φ 方向上单位距离的变化率，在数学上即为 φ 方向的方向导数，即

$$i(x,y,\varphi) = \frac{\partial W(x,y)}{\partial\varphi} = \frac{\partial W(x,y)}{\partial x}\cos\varphi + \frac{\partial W(x,y)}{\partial y}\sin\varphi \tag{5-4}$$

可将式（5-4）化简为

$$i(x,y,\varphi) = \frac{1}{W_{max}}[i_{max}(x) W_{max}(x)\cos\varphi + i_{max}(y) W_{max}(y)\sin\varphi] \quad (5\text{-}5)$$

③沿 φ 方向的曲率 $k(x,y,\varphi)$。

坐标为 (x,y) 的点 φ 方向的曲率为倾斜 $i(x,y,\varphi)$ 在 φ 方向上单位距离的变化率,在数学上即为 φ 方向的方向导数,即为

$$k(x,y,\varphi) = \frac{\partial i(x,y,\varphi)}{\partial\varphi} = \frac{\partial i(x,y,\varphi)}{\partial\varphi}\cos\varphi + \frac{\partial i(x,y,\varphi)}{\partial\varphi}\sin\varphi \quad (5\text{-}6)$$

可将式(5-6)化简为

$$k(x,y,\varphi) = \frac{1}{W_{max}}[k_{max}(x) W_{max}(y) - k_{max}(y) W_{max}(x)]\sin^2\varphi +$$
$$i_{max}(x) i_{max}(y)\sin^2\varphi] \quad (5\text{-}7)$$

④沿 φ 方向的水平移动 $U(x,y,\varphi)$。

$$U(x,y,\varphi) = \frac{1}{W_{max}}[U_{max}(y) W_{max}(y)\cos\varphi + U_{max}(y) W_{max}(x)\sin\varphi] \quad (5\text{-}8)$$

⑤沿 φ 方向的水平变形 $\varepsilon(x,y,\varphi)$。

$$\varepsilon(x,y,\varphi) = \frac{1}{W_{max}}\{\varepsilon_{max}(y) W_{max}(y)\cos^2\varphi + \varepsilon_{max}(y) W_{max}(x)\sin^2\varphi +$$
$$[U_{max}(x) i_{max}(y) + i_{max}(x) U_{max}(y)]\sin\varphi\cos\varphi\} \quad (5\text{-}9)$$

(2)充分采动时,最大值预测。

①地表最大下沉值: $W_{max} = qm\cos\alpha$。

②最大倾斜值: $I_{max} = W_{max}/r$。

③最大曲率值: $K_{max} = 1.52W_{max}/r^2$。

④最大水平移动: $U_{max} = bW_{max}$。

⑤最大水平变形值: $\varepsilon_{max} = 1.52bW_{max}/r$。

式中:m 为煤层开采厚度,mm;α 为煤层倾角;q 为下沉系数;b 为水平移动系数;r 为主要影响半径,m,$r = H/\tan\beta$,H 为煤层埋深,m。

5.3.3　沉陷预计系统

MSPS 系统是以概率积分法为基础的预计模拟软件。该系统是在山区地表移动规律的基础上,用 C 语言编写而成的,应用范围较广。MSPS 系统具有以下特点:

(1)不仅可预测山区地表沉陷变形,也可进行平原区地表变形的预测。在平原区地表移动变形预测时,令地表倾角等于零即可。

(2)工作面预测数据准备简单。已知工作面各角点的坐标,便可进行任意形状多个工作面开采沉陷预测。若工作面坐标和预测点坐标采用统一的整体坐

标系，坐标转换工作可由程序自动实现。

(3)具有后处理功能,在后处理过程中可使预测结果直接与矿区图坐标统一起来。MSPS 输入数据包括三部分:①工作面的有关数据;②预测点的有关数据;③预计控制数据,见表 5-3。

表 5-3　MSPS 系统数据输入

数据类型	数据内容
工作面数据	工作面编号,坐标原点、工作面的角点数及各角点在坐标系下的坐标、下沉系数、水平移动系数、主要影响角正切、开采影响传播角等
预测点数据	预计点数及编号、预计点在整体坐标系下的坐标、预计方向在整体坐标系下的方位角等
预计控制数据	线段数、每线段上的点数、预计时所参与计算的工作面数及相应的工作面编号等

5.3.4　预计参数确定

(1)下沉系数:$q = \dfrac{W_{\max}}{m\cos\alpha}$。

(2)水平移动系数:$b = \dfrac{U_{\max}}{W_{\max}}$。

(3)开采影响传播角:$\theta = \arctan\left(\dfrac{U_{\max}}{W_{\max}}\right)$。

(4)主要影响角正切:$\tan\theta = \dfrac{H}{r}$。

5.4　锦界煤矿开采沉陷预计

根据榆神矿区多年开采资料,类比相邻的小保当煤矿开采沉陷计算结果,锦界煤矿开采沉陷符合“三下规程”中所推荐的概率积分法。因此,采用基于概率积分法的开采沉陷预测模型,对煤矿开采引发的地表变形进行计算和预测。同时,考虑开采在任意时刻引起地表移动和变形情况,采用开采沉陷软件 MSPS 进行动态预测。

5.4.1　沉陷预计方案

　　2006 年 9 月 25 日锦界煤矿投产运行以来,主要开采侏罗系延安组 3^{-1} 煤层。井田内煤层具有埋藏较浅、主采煤层赋存稳定、倾角平缓等特点。矿井采用斜井开拓,分煤组设置开采水平的开采方式。主、副斜井均布置在矿井工业场地内,风井场地布置在工业场地以北约 6 km 处。矿井采用长臂综合机械化开采技术,一次采全高,全部垮落法管理顶板,装备高阻力液压支架,大功率采煤机,辅助运输采用无轨胶轮车。

　　目前,矿井采用一井两面进行生产,已开采的工作面共有 17 个,目前正在开采的工作面有 3 个。1 盘区已经回采完的工作面分别为 31101、31102、31103、31104 等工作面,目前回采 31109 工作面;2 盘区已经回采完的工作面分别为 31201、31202、31203 等工作面,目前回采 31204 工作面;4 盘区已经回采完 31401、31402、31403,目前回采 31404 工作面。

　　根据各煤层储量、厚度、层间距等特征,采用煤层间下行开采顺序,先采上组煤,再采中组煤,后采下组煤,盘区间采用前进式由近及远的开采方式。矿井投产时,一套综采设备开采 31 盘区 3^{-1} 煤,后接 32 盘区 3^{-1} 煤;一套综采设备先开采 34 盘区 3^{-1} 煤,后接 33 盘区 3^{-1} 煤,盘区内工作面采用后退式回采。根据锦界煤矿二期工程规划,3^{-1} 煤 4 个盘区划分和各个工作面的开采接续计划,见图 5-4、图 5-5。3^{-1} 煤层计划开采 28 年,为说明各阶段 3^{-1} 煤层开采后对河川径流的影响,按照煤矿开采盘区划分及开采顺序,将 3^{-1} 煤层开采划分为三个阶段,分别预测各阶段开采完成后沉陷范围及趋势,预计方案见表5-4。

表 5-4　沉陷预计方案

开采区域	开采盘区	采厚(m)	开采年限(a)
第一阶段	31 盘区	2.58 ~ 3.61	1 ~ 11
第二阶段	31、34 盘区	2.58 ~ 3.61	1 ~ 11
第三阶段	3^{-1} 煤层 4 个盘区	2.58 ~ 3.61	1 ~ 28

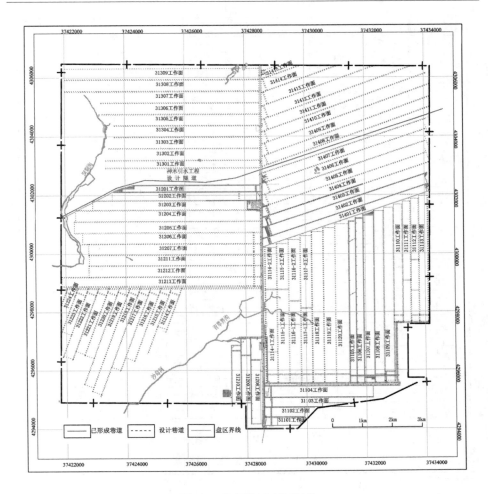

图 5-4　锦界煤矿盘区划分

5.4.2　沉陷预计参数

概率积分法参数的取值受开采方法、顶板管理方法、开采深度、开采厚度、上覆岩层性质、煤层倾角及重复采动次数等诸多因素的影响。锦界煤矿煤层底板主要由粉砂岩和泥岩组成，底板单向抗压强度 3^{-1}、4^{-2}、5^{-2} 煤层分别为 30.9 MPa、30.75 MPa、27.98 MPa，各煤层底板均属Ⅳ类，中硬类底板。依据井田内岩土体工程地质特征及成因，划分为三大岩类七大岩组（见表 5-5）。

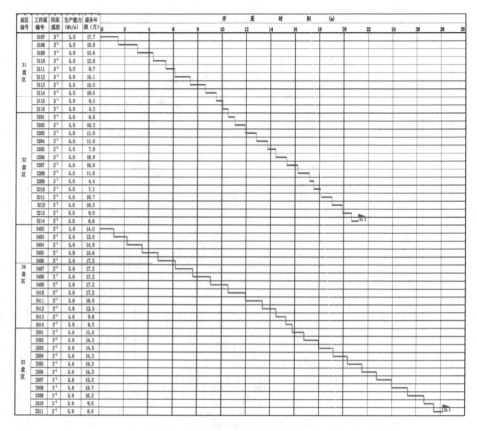

图 5-5　3⁻¹煤开采接续计划表

表 5-5　岩土体工程地质分类

工程地质分类	岩层组	抗压强度（MPa）	空间分布	岩体结构
土质岩	松散砂层组		广布地表，风积、冲积、湖积物	散体结构
	土层组		出露面积不大，包括黄土和红土	
软弱岩	烧变岩组	24.6	主要指 2⁻²煤层自燃区	碎裂结构
	风化岩组	4.9	主要指直罗组岩层	
	煤岩组	19.8	可采煤层及不可采煤层	
中硬岩	粉砂岩泥岩及互层岩组	41.6	煤层直接顶板和直接底板	层状结构
	砂岩组	40.9	煤层基本顶及延安组各段中部，直罗组底部	块状结构

根据"三下规程"并结合锦界煤矿煤层顶板岩性及开拓开采情况,下沉系数采用 $q = 0.5(0.9 + P)$,其中 $P = \dfrac{\sum m_i Q_i}{\sum m_i}$,$Q_i$ 为覆岩 i 分层的岩性评价系数,可由表5-6查得;m_i 为覆岩 i 分层的法线厚度,m。

表5-6　分层岩性评价系数选取表

岩性	单向抗压强度（MPa）	岩石名称	初次采动 Q_0	重复采动 Q_1	重复采动 Q_2
中硬	50	较硬的石灰岩、砂岩和大理石	0.2	0.45	0.7
	40	普通砂岩、铁矿石	0.4	0.7	0.95
	30	砂质页岩、片状砂岩	0.6	0.8	1.0
	20	硬黏土质片岩、不硬的砂岩和石灰岩、软砾岩	0.8	0.9	1.0
	>10	各种页岩(不坚硬的)、致密泥灰岩	0.9	1.0	1.1
软弱	≤10	软页岩、很软石灰岩、无烟煤、普通泥灰岩、破碎页岩、烟煤、硬表土－粒质土壤、致密黏土、软砂质黏土、黄土、腐殖土、松散砂层	1.0	1.1	1.1

根据上述参数的选取方法,并参照与锦界井田煤层埋深及煤层顶板岩性条件较为相近的大柳塔煤矿相关参数,确定锦界井田地表移动预测参数,见表5-7。

表5-7　地表移动变形预测参数

序号	参数	符号	单位	参数值范围	备注
1	下沉系数	q		$0.59 \sim 0.8$	第一次重复采动取0.88；第二次重复采动取0.95
2	主要影响正切	$\tan\beta$		2.1	重复采动取2.5
3	水平移动系数	b		0.29	
4	拐点偏移距	S	m	$0.15 \sim 0.25H$	H 为平均采深
5	影响传播角	θ	deg	$90 \sim 0.68\,a$	

5.4.3　沉陷预计结果

根据沉陷预测方案、预测参数,运用模型预测地表移动变形最大值的发生、发展的范围及趋势,见表5-8和图5-6。由表5-8和图5-6可知,3^{-1} 煤层开采完毕后地表最大下沉值为2.80 m,最大倾斜值为0.064 97 m/m(第一阶段),最大

曲率为 $4.22 \times 10^{-3}/m$(第二、三阶段),最大水平移动为 0.800 65 m,最大水平变形为 0.044 43 m/m(第二、三阶段)。3^{-1} 煤层开采结束后,地表沉陷主要集中在各盘区工作面上,各工作面中心沉陷值最大,向外逐渐变小。

表 5-8 各阶段开采后地表变形最大预测值表

开采区域	开采盘区	下沉 (mm)	倾斜 (mm/m)	曲率 (10^{-3}/m)	水平移动 (mm)	水平变形 (mm/m)
第一阶段	31 盘区	2 800.12	64.97	1.75	800.65	24.69
第二阶段	31、34 盘区	2 800.12	69.45	4.22	800.65	44.43
第三阶段	31、32、33、34 盘区	2 800.12	69.43	4.22	800.65	44.43

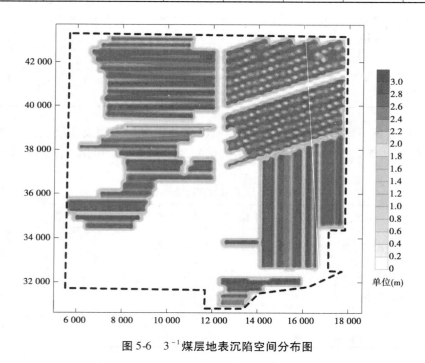

图 5-6 3^{-1} 煤层地表沉陷空间分布图

5.5 耦合模型与采煤沉陷叠加

综合考虑不同情景方案,以现状开采情景为例,将沉陷预测结果与耦合模型模拟的潜水位叠加,计算开采沉陷影响下的地表高程与耦合模型模拟的潜水位的差值,得到由地表沉陷和地下水位下降影响下的地下水位埋深图(见图5-7)。计算结果见表5-9。

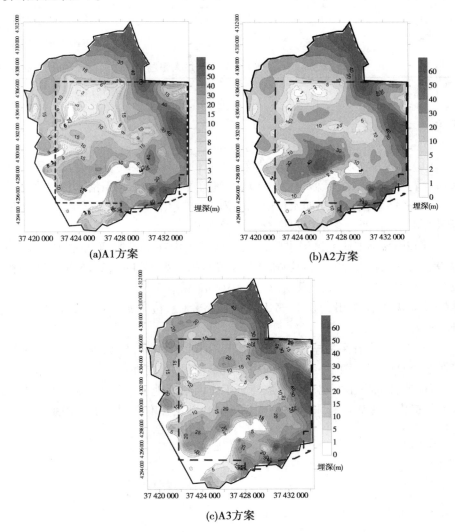

(a)A1方案　　　　　　　　　　　(b)A2方案

(c)A3方案

图 5-7　A1、A2、A3 方案潜水位下降叠加地表沉陷的地下水位埋深图

由图5-2、图5-7 和表5-9 可知,现状情景涌水量 4 300 m³/h,各开采方案中第四系最大潜水位埋深均在开采工作面附近。与叠加前采煤沉陷影响下的地下水位埋深相比,地下水位埋深有增加的趋势,且采煤沉陷为降落范围提供了边界。采煤沉陷进一步加大了潜水位恢复的难度。

表5-9　潜水位叠加地表沉降表

情景方案	主要开采工作面	潜水位埋深	备注
A1	31、34 盘区	超过 16 m	不产生积水盆地
A2	32、33 盘区	2 ~ 12 m	不产生积水盆地
A3	33 盘区	平均 10.6 m,最大超过 20 m	不产生积水盆地

5.6　小　结

（1）第四系潜水含水层受影响较为严重的区域为流域分水岭及井田东南部区域。直罗组含水层受影响最大区域一般为首采区。第四系潜水位最大降深为 13 ~ 32 m,一般在开采初期水位降深剧烈、幅度大,随着开采年限的延长,第四系潜水含水层、直罗组含水层水位有一定的恢复。

（2）2016 年末研究区潜水降深最大区域集中在 1 盘区西北部,中心降深达 27.95 m,降深大于 20 m 的影响严重区域面积约 2.62 km^2;2026 年末降深幅度较大区域主要集中在 2、3 盘区,2 盘区中心降深达 31.79 m;2036 年末地下水位降幅最大集中在井田的西北部边界区域,最大水位降深 18 ~ 22 m,中心降深 21.83 m。

（3）3^{-1}煤层开采完毕后地表最大下沉值为 2.80 m,且地表沉陷范围主要分布在各个盘区工作面上,各工作面中心沉陷值最大,向外逐渐变小。与耦合模型叠加后,地表沉陷在一定程度上加速了工作面附近地下水位的下降,也为地下水位下降提供了边界。开采后期,一定范围内,一定程度上限制了第四系潜水位的恢复。

第6章　煤炭开采对秃尾河径流影响评价

研究煤炭开采对秃尾河径流的影响,不仅有利于锦界煤矿煤炭资源的合理开发,也有利于控制地下水位下降,更为防止地下水位埋深过大而引起秃尾河径流的减少提供依据。本章首先采用实测数据计算、指标评价和耦合模型模拟等方法,反映锦界煤矿开采已经对河川径流造成的影响;其次,利用耦合模型和开采沉陷预计结果,评价 3^{-1} 煤层开采结束后可能对河川径流的影响;最后,阐述煤炭开采造成局部潜水出露,积水盆地的形成机制。

6.1　现状开采条件下对秃尾河径流的影响

6.1.1　对地形地貌的影响

煤层开采前,煤层与周围岩体、上覆岩层处于三向应力平衡状态。煤层开采后,采动破坏煤层与上覆岩层原有的应力平衡,引起原岩应力的重新分布。上覆岩层依次发生冒落、断裂、弯曲等移动变形,形成冒落带、裂隙带及弯曲带,冒落带和裂隙带合称为导水裂隙带(上行裂隙)。当采空区面积扩大到一定程度后,出现黏土层因弯曲下沉而受到拉伸破坏,隔水层顶面产生沿岩层法线方向的下行裂隙(见图6-1)。地表最大的下行裂隙(缝)一般位于采空区边界内侧,呈 O 形环绕。随着工作面的推进,环状下行裂隙将按照一定的距离周期性出现,并随着新裂隙的出现而具有回转闭合的趋势,裂隙的宽度和深度与采深、采高、顶板管理方法、土层性质及其厚度有关。锦界煤矿开采已形成长达数千米的裂缝,部分地段开始缓慢下沉(见图6-2)。作为水体承载基础的岩土体结构的改变,必然导致地表水、地下水体转化关系的改变,进而对水资源造成一定影响。

6.1.2　对地下水系统的干扰程度

6.1.2.1　吨煤富水系数

吨煤富水系数是煤矿生产中一项重要的技术指标,从某种程度上反映了煤矿开采对地下水的破坏程度。秃尾河流域和锦界煤矿的吨煤富水系数见图6-3。

由图6-3(a)可知:秃尾河流域 1991 ~ 2011 年吨煤富水系数介于 0.50 ~ 0.95 m^3/t,一般为 0.74 m^3/t,增长斜率为 0.013 7/a。这与范立民等在榆神矿区

图6-1　锦界煤矿下行裂缝图　　　　图6-2　锦界煤矿地面沉陷实景图

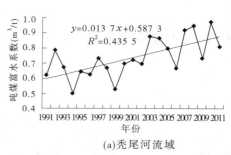

(a)秃尾河流域

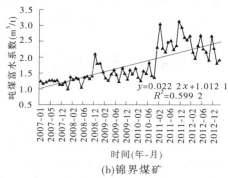

(b)锦界煤矿

图6-3　秃尾河流域和锦界煤矿的吨煤富水系数

吨煤富水系数介于 0.93 ~ 4.23 m³/t 有一定的偏差,主要与统计口径、统计年限、是否统计各类中小煤矿、小煤矿达到多大规模和涌水量何种量级进入统计范围的设置密切相关。

由图6-3(b)可知,锦界煤矿 2007 年 1 ~ 12 月吨煤富水系数介于 1.01 ~ 3.16 m³/t,分别对应 2007 年 12 月(1.01 m³/t)和 2011 年 9 月(3.16 m³/t)。月均吨煤富水系数为 1.77 m³/t,增长率为 0.022/a。随着榆神矿区煤炭资源的开发,秃尾河流域和锦界煤矿的吨煤富水系数均呈增加趋势(见图6-3)。锦界煤矿的吨煤富水系数明显高于秃尾河流域。虽吨煤富水系数受到采煤方法、开采强度等多种因素的影响,不能全面反映煤矿开采对地下水系统的干扰程度,但它作为评价地下水干扰程度的一项重要指标,反映出锦界煤矿开采对地下水的干扰程度明显高于秃尾河流域,应引起管理部门的高度重视。

6.1.2.2　涌水量系数

与我国其他地区相比,陕北属于干旱、半干旱地区,年降水量在 400 mm 左右,降水量较少,水资源稀缺,宝贵的地下水资源对当地经济发展尤为重要。在其他条件不变的前提下,干旱、半干旱地区矿井涌水量对地下水系统的干扰程度较湿润、半湿润地区大。锦界煤矿地处干旱、半干旱地区,吨煤富水系数计算结果表明,锦界煤矿开采对地下水系统的干扰程度明显高于秃尾河流域。锦界煤矿开采对地下水系统的干扰程度评价指标的选择,既要考虑矿井生产对地下水资源的破坏,又要兼顾干旱、半干旱地区水资源稀缺的具体情况。

涌水量系数不仅与降水量、涌水量大小有关,见式(6-1),还通过矿区面积的大小对干扰程度进一步界定,更符合秃尾河流域和锦界煤矿的实际。因此,选用涌水量系数进行煤矿开采对地下水干扰程度评价,见表6-1。

$$y = \frac{Q}{10PA} \tag{6-1}$$

式中:Q 为年矿井涌水量,万 m^3;P 为年降水量,mm;A 为井田面积,km^2。

表 6-1　锦界煤矿涌水量系数表

年份	年降水量(mm)	年矿井涌水量(万 m^3)	井田面积(km^2)	涌水量系数
2007	439.4	504.928 8	141.77	0.081 1
2008	447.5	1 151.748	141.77	0.181 5
2009	424.8	1 856.131 2	141.77	0.308 2
2010	376.5	2 110.514 4	141.77	0.395 4
2011	343.7	2 071.872	141.77	0.425 2
2012	456.46	2 079.288	141.77	0.321 3

由表6-1可知,涌水量系数不仅与矿井涌水量密切相关,还受到年降水量的影响,矿区面积也在一定程度上影响其大小。锦界煤矿所在的风沙滩草区,大气降水是第四系松散砂层孔隙潜水的主要补给源,在涌水量比较相近的 2011 年和 2012 年,2011 年降水量 343.7 mm(偏枯年),2012 年降水量 456.46 mm(偏丰年),偏丰年的涌水量系数低于偏枯年,地下水扰动程度较小,说明开采强度已经成为影响矿井涌水量系数的重要因素,也成为地下水扰动程度大小的主要驱动力。当降水年型相近时,表现出涌水量大的年份,对地下水系统的干扰程度较强。例如,2008 年和 2012 年涌水量系数分别为 0.308 2 和 0.321 3,说明 2012 年地下水系统受干扰程度更强,这与锦界煤矿的实际相符,也说明涌水量系数在锦界矿区的适应性较好。此外,2007 年涌水量系数偏小,主要与锦界煤矿处于开采初期,涌水量较小有关。

6.1.3　对青草界沟和河则沟的影响

2006 年 9 月锦界煤矿开采前,井田内地表水体主要为青草界沟和河则沟

（长年流水）。青草界沟 2006 年以前平均流量 76 270.5 m³/h,变化较稳定。2006 年 9 月后,随着锦界煤炭资源的大规模开发,采空区面积不断扩大,导水裂隙带发育高度和地面沉陷范围也随之增大。青草界沟上游沿岸和钻孔 J103 及钻孔 J403 所在区域,面积约 11.38 km²,3⁻¹煤层上覆基岩很薄或缺失,萨拉乌苏组松散含水层与上覆风积沙构成统一含水层,富水性好,在青草界沟沟头,以分散下降泉直接排泄到地表。该区域导水裂隙带发育高度大于基岩厚度,见图 3-10 和图 3-11。导水裂隙带裂隙沟通第四系潜水或地表水体,使第四系潜水或地表水体渗入地下,甚至进入矿坑,直接导致青草界沟泉流量衰减,也减少了向秃尾河的排泄水量,见图 6-4、图 6-5。

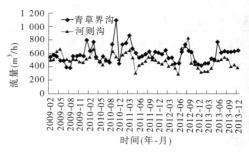

图 6-4　青草界沟和河则沟流量变化图　　　图 6-5　2013 年 4 月青草界沟实景图

由图 6-4、图 6-5 可知,2009 年后青草界沟流量大幅减少,2010 年下降为 629.18 m³/h,2012 年和 2013 年平均流量仅为 549.50 m³/h 和 512.33 m³/h。但是鉴于目前资料的限制,只能大致以青草界沟水源地与矿区面积比(35.27%)作为煤矿开采对青草界沟的影响程度。原流量可达 489.48 m³/h 的河则沟,在煤炭开采后流量变为 314.38 m³/h,减少了 35.8%。沟道两侧沙柳灌丛、小叶杨和芦苇长势较好,沟道外因泉出流量减少水浇地逐步变成旱地。

6.1.4　对高家堡水文站以上径流的影响

采煤引起的塌陷以及矿井水疏干等采煤活动对地下水位的影响已不再局限于塌陷区,对塌陷区周边地区也产生了一定的影响,并使周边地区产生了诸如河川径流量减少、地下水位降低、生活取用水困难等一系列问题。

影响径流量的因素可以归结为自然因素和人为因素两类。自然因素包括降水量的减少、气温上升、蒸散发增大等,人为因素诸如从河川中直接取水、农业取水灌溉、下垫面产汇流条件变化等。为区分气候变化和人类活动(煤炭开采和土地覆被变化)对径流的影响,选择锦界煤矿所在的青草界沟和河则沟为研究

流域,高家堡水文站以上为对照流域。不同历史时期的径流变化受气候变化和
人类活动的综合影响。同一时期,邻近流域气候、土地利用覆被变化趋势一致。
因此,研究流域与对照流域的径流影响差异主要为煤炭开采。将对照流域土地
利用变化导致的径流量变化比例,代入研究流域中,扣除这部分变化量,剩余的
径流变化量可认为是煤炭开采造成的。

　　煤炭开采的高峰期主要发生在 2000 年之后,因此以 2000 年为分界点,之后
设定为煤炭开采影响期。利用 1990～2010 年的气候数据驱动模型,模拟得到
20 世纪 90 年代以来高家堡水文站以上流域的多年产流量。

　　秃尾河流域高家堡水文站以上流域面积 2 095 km^2,占流域总面积的
63.6%,多年平均天然径流量却占流域多年平均天然径流量的 80.1%。高家堡
水文站以上区域 1990～2010 年径流模拟结果表明:1990～1999 年径流为 7.149
m^3/s,2000～2010 年的径流为 5.651 m^3/s,减少幅度为 20.95%。1990～1999 年
的实测径流为 7.161 m^3/s,2000～2010 年的实测径流为 5.621 m^3/s。模拟结果
与实测数据一致性较好,表明 SWAT 模型的模拟结果能较好地反映研究区径流
的变化。

　　高家堡水文站以上各子流域的土地利用变化趋势大体一致,高家堡径流减
少 20.95%,而锦界煤矿所在子流域径流减少 35.1%,说明煤炭开采对径流产生
较大影响。

　　根据耦合模型模拟结果,统计分析模拟的径流数据,提取青草界沟和河则沟
所在子流域的径流量,得到现状土地覆被条件下青草界沟和河则沟的产流量。
模拟得出,1990～1999 年青草界沟和河则沟径流为 0.576 m^3/s,2000～2010 年
青草界沟和河则沟径流为 0.374 m^3/s,减少幅度为 35.1%。青草界沟和河则沟
2009～2013 年的实测数据表明,两河沟径流量均值为 1 070 m^3/h,不考虑煤炭
开采的影响,现状覆被条件下的产流量为 1 346 m^3/h(0.374 m^3/s)。受煤炭开
采影响,产流量减少了 276 m^3/h。由此可以推断,2000 年后,煤炭开采造成的径
流量减少量为 242 万 m^3/a。

6.1.5　对秃尾河径流的影响

　　研究区地下水以第四系松散层潜水和直罗组(J$_{2z}$)风化基岩孔隙裂隙潜水 -
承压水为主。大气降水是地表水和地下水的主要补给来源。在自然条件下,风
沙滩草区大气降水首先入渗补给第四系松散砂层孔隙水,之后在水力梯度场的
作用下缓慢向泉口移动以下降泉的形式补给河水,并形成相对稳定的天然流场。
煤炭资源开发使研究区内地下水位大幅度下降,秃尾河径流量呈减少趋势,见
图 2-2。2007～2012 年径流量随矿井涌水量的增加也呈减少趋势,见图 6-6。

1997～2012 年秃尾河流域河川基流量呈减少趋势,见图 2-6,2007～2012 年基流量随矿井涌水量无明显变化,在年尺度上减少表现不显著,可能与尺度的选择有关,也可能与研究区域仅占流域面积的 6.4% 密切相关。

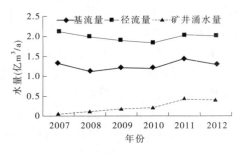

图 6-6　2007～2012 年秃尾河流域径流量与涌水量变化

6.2　3^{-1} 煤层开采完毕对秃尾河径流的影响

6.2.1　对地形地貌的影响

　　3^{-1} 煤层开采前、后锦界矿区地形地貌如图 6-7 所示。研究区主要属风成沙及沙滩地地貌,以固定沙及半固定沙为主,植被覆盖较好。由地表沉陷预测(见表 5-8)可知,3^{-1} 煤层开采后地表最大下沉值为 2.8 m,进而对地形标高和地表形态产生一定影响,表现在地表原有形态遭破坏,地表出现地裂缝,塌陷坑,在塌陷坑边会出现一些下沉阶地及地裂缝。随着采空区范围的扩大,地面塌陷呈点、线、面状发展,当整个井田采空后,出现非连续的地表变形和移动。

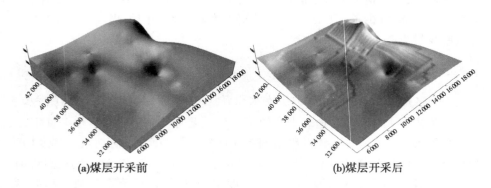

(a)煤层开采前　　　　　　　　　(b)煤层开采后

图 6-7　煤层开采前、后地貌形态

6.2.2　采煤对地下水的影响

6.2.2.1　对地下水流场的影响

天然状态下,大气降水首先入渗补给萨拉乌苏组地下水,并在此过程中形成稳定的天然流场。煤层开采过程中上覆岩层发生变形和移动,当岩层移动发展到第四系上更新统萨拉乌苏组含水层,含水层结构和蓄水构造受到影响,萨拉乌苏组潜水含水层的赋存条件发生改变,地下水形成新的排泄点而改变其循环方式,地下水的水力梯度场和流场也将发生根本性的变化。锦界煤矿在开采过程中形成的新流场。

锦界煤矿所在的地下水含水系统水动力场具有以下特征,在中部地下水分水岭部位,地下水以水平运动为主,地下水流线自分水岭沿径向发出,自分水岭南北到青草界沟沟谷地带,地下水逐渐转变为以垂直向运动为主,水平运动为辅,且形成以工作面为降落中心的地下水流场。因此,锦界煤矿开采在一定程度上影响了该区域地下水动力场的变化,加之矿井地质勘探布设的纵横交错的勘探孔,施工过程中形成的竖井、斜井、回风井、巷道、不同开采深度的工作面等,均在不同程度上沟通煤系地层水、上覆松散岩类孔隙水,使离石黄土和保德红土的隔水性能受到一定影响,加速地下水含水系统及地下水流场的变化,增加了第四系潜水向采空区的排泄,削弱了对青草界沟和河则沟的补给作用,消减了河川基流量。

6.2.2.2　对地下水位、水量的影响

锦界煤矿开采前煤水赋存于同一地质体中,各有其赋存运移规律。从地表向下分别是风积沙(Q_4^{eol})、萨拉乌苏组(Q_{3S})、保德组(N_{2b})、离石组(Q_{2l})、直罗组(J_{2z})以及主要的开采层延安组(J_{2y})。具有供水意义的含水层为第四系萨拉乌苏组松散孔隙潜水含水层。

煤矿开采过程中采空区顶板冒落的部分裂隙贯通直罗组、离石组和保德组,并与萨拉乌苏组含水层沟通,改变了研究区水文地质和水循环条件,第四系萨拉乌苏组含水层中的水进入矿坑中。集聚成矿井水抽排出地表,使含水层中地下水逐渐转化为以垂向渗漏为主,水平径流排泄为辅,造成潜水位大幅下降,一方面影响地下水通过青草界沟泉进行排泄,结果使青草界沟出流量减少甚至干涸;另一方面降低河水位与地下水位之间的水力梯度,显著减少河流的侧向补给,引起河川基流大幅衰减的同时,一定程度上消减了河川径流的补给量。若地下水位降低到河床以下,可能导致河川断流。由 5.2.1 节可知,现状开采情景下涌水量取 4 300 m³/h,锦界煤矿开采量相对稳定情景下涌水量取 3 500 m³/h。锦界煤矿长期抽取地下水,第四系潜水含水层中地下水位大幅降低,见图 5-2。

由图 5-2 可知,①受煤层埋深、隔水层厚度、导水裂隙带发育高度等因素的影响,第四系潜水含水层中地下水位的变化在不同部位并不相同。在基岩缺失或基岩较薄的青草界沟附近,地表水、地下水大量涌入矿井,可能造成溃水事故;第四系孔隙含水层底部被采空区覆岩裂隙所波及区域,增加了含水层向下部基岩的垂直入渗,而导致第四系孔隙水水位下降,水量减少。②锦界煤矿开采近 10年,第四系孔隙含水层水位下降主要集中 1 盘区西北部,中心降深达到 28 m,降深大于 20 m 后不少水井出现吊泵或出水不足,甚至干涸。这与锦界煤矿首先开采31 盘区 3^{-1} 煤层及已开采的 6 个工作面有关。同样,煤矿开采 20 a、30 a 潜水含水层水位的下降也与开采盘区和开采工作面推进密切相关,见图 5-2(d)、(f)。因此,抽排地下水成为影响锦界煤矿所在区域及秃尾河径流变化的重要原因。

通过对陕北能源化工基地原煤产量大于 50 万 t 的 50 个大中型煤矿(其中皇甫川流域 12 个、窟野河流域 18 个、秃尾河流域 2 个、无定河流域 18 个)的调查,结果表明煤炭开采过程中排出的矿井水,除用于煤矿本身生产生活外,经处理输送到其他用水户。以锦界煤矿为例,总取水量为 1 745.33 m^3/d(58.17 万 m^3/a),生产用水取自锦界煤矿矿井排水,取水量为 1 440.94 m^3/d(47.06 万 m^3/a),其余矿井水经锦界污水处理厂处理,供给陕神化工、亚华热电、国华锦能、北元化工、新元电厂、天元化工、东风金属镁厂、瑞诚浮法玻璃厂、锦龙化工等锦界工业园用户,无余水外排进入河道。

鉴于此,本书提出不考虑矿井排水重新进入河道,河水补给地下水,地下水再排出的重复循环过程,仅将煤矿开采过程中及开采稳定后的矿井涌水量作为煤矿开采对河川径流的影响量。现状开采情景下月均涌水量 4 300 m^3/h(0.37 亿 m^3/a)。由 2.3.1 节可知,1997~2012 年平均径流量为 2.17 亿 m^3。因此,现状开采情景下,锦界煤矿开采产生的影响量占秃尾河径流量的 17.32%。同理,稳定开采情景下,月均涌水量取 3 500 m^3/h(0.30 亿 m^3/a),在秃尾河径流保持2.17 亿 m^3 不变的前提下,锦界煤矿开采产生的影响量占秃尾河径流量的13.94%。

6.2.3　采煤沉陷对地表水体的影响

6.2.3.1　对青草界沟和河则沟的影响

沉陷范围与地表水系关系如图 6-8 所示。为保护河则沟、青草界沟等地表水体,煤矿开采单位在其一定范围设置了保护煤柱,由沉陷预测结果(见表 5-8)可知,地表沉陷范围并未波及地表水体,保护煤柱对沉陷控制起到了较好的效果,从 AB 沉降剖面图也可以得到验证。因此,仅从沉陷角度分析,煤矿开采对地表水体影响较小。

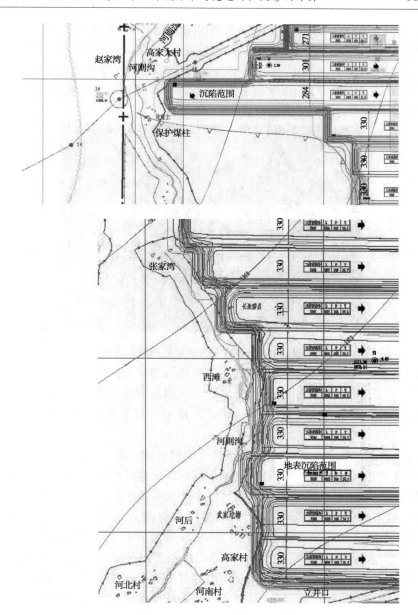

图6-8　沉陷范围与地表水系关系图

6.2.3.2　对采兔沟水库的影响

采兔沟水库是一座以工业供水为主,兼顾农田灌溉、生产、生活及生态用水的中型水库,水库设计总库容7 281万 m³,建成后在保证生态用水 0.35 m³/s 和解决下游 1 万亩农田灌溉的前提下,95% 供水保证率时,每年可向大保当工业园区供水 5 466 万 m³。它与锦界煤矿井田边界(南边界)最近距离约 7.2 km,控制流域面积 1 339 km²,水库回水区长度为 4.47 km,井田边界与回水边界的最近距离为 2.7 km(见图 6-9)。水库位于井田的西南方,井田开采引起的地表沉陷对采兔沟水库的影响成为分析的重点。

图 6-9　采兔沟水库与井田边界相对位置图

根据采煤沉陷预测结果,开采沉陷影响范围为井田向外 77.2 m。沉陷影响范围远小于井田与水库之间的距离,也小于到回水边界的距离,故采兔沟水库及回水边界不在采煤沉陷影响范围内,采煤沉陷不会对采兔沟水库水利设施造成影响。

由地表沉陷预测(见表 5-8)可知,3^{-1} 煤层开采结束后,地表最大沉陷值为 2.8 m,整个井田区域会相继下沉,对隔水层的隔水性能造成一定影响,虽在井田边界设有保护煤柱,但采煤沉陷引起区域地下水向沉陷区汇流,改变地下水的流向,降低地下水位,消减青草界沟流量,其中采兔沟泉补给量减少 10% ~ 14%;根据第 3 章导水裂缝带发育高度的计算成果,锦界井田开采导水裂隙带最大发育高度 48.17 m,导水裂隙可直接沟通第四系潜水含水层,使地表水直接进入井下。采兔沟水库位于锦界煤矿的下游,因锦界井田与采兔沟水库保护区的地层相同,且地层连续、稳定。因此,煤矿开采对采兔沟水库的汇水造成一定的影响。

采兔沟水库上游集水面积约 1 339 km²,锦界井田内 137 km² 位于采兔沟水库的集水范围内,锦界井田区域 2000 年以后多年平均实测地表径流量约 500 万 m³,占采兔沟水库以上地表径流量的 2.9%。即使该区域由于地表沉陷全部不产流,影响量也仅占水库入库地表径流的 2.9%,且井田开采沉陷范围在采兔沟水库地表水源保护区之外,因此地表沉陷不会对采兔沟水库上游河道产生影响,但会对水库汇水造成一定影响。

6.3 采煤沉陷对蒸发量的影响

6.3.1 积水盆地形成机制

以锦界煤矿开采对河川径流轻微影响区(见图 3-12)为例,阐述煤炭开采造成局部潜水出露,积水盆地的形成机制(见图 6-10),并指出局部积水盆地形成使蒸发量增加,萨拉乌苏组含水层中的地下水部分渗入矿井,减少了潜水对河流的补给,是煤矿开采消减河川径流的重要原因。

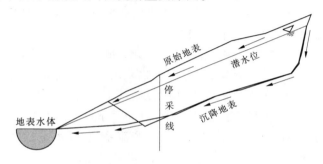

图 6-10 锦界煤矿开采后地下水流向图

随着采煤裂缝的不断扩大、加深,部分地段开始缓慢下沉(见图 6-2),萨拉乌苏组含水层在第四系离石组黄土(Q_{2l})与新近系三趾马红土(N_{2b})隔水岩组的阻隔作用下,不会与直罗组风化基岩含水层和采空区发生直接水力联系,但萨拉乌苏组潜水最大的特征就是具有自由水面,在重力作用下由位置高的地方向位置低的地方径流。当地表发生大面积的沉陷时,第四系离石组黄土(Q_{2l})与新近系三趾马红土(N_{2b})隔水层也随之产生沉陷,地表沉陷必然在采动影响区和非影响区产生一定落差,使非采动区潜水以下沉区域为排泄区,源源不断地流入下沉区域内,以抬高下沉区域下降的潜水位,见图 6-10。随着重复采动的不断进行,地表下沉幅度逐渐增大,沉陷区第四系潜水的流场发生了下移弯曲,潜水出露地表,地下水由原来的潜水蒸发逐渐变为水面蒸发,水面蒸发量远大于潜水蒸发量,减少了第四系潜水对河川径流的补给。因蒸发量增加,补给量减少,最终导致河川径流量减少。

6.3.2 采煤对蒸发量的影响

由沉陷预测(见表 5-8)可知,锦界煤矿 3⁻¹煤层开采结束后最大地表沉降量为 2.8 m。由煤矿开采对河川径流渗漏危险性分区可知,在井田的中北部及井田的中南偏东较小区域,其面积约 81.04 km²,第四系离石组黄土(Q_{2l})与新近系三趾马红土(N_{2b})隔水层可有效阻止其上部第四系松散层含水层内的孔隙水向下渗漏。第四系离石组黄土(Q_{2l})与新近系三趾马红土(N_{2b})隔水层之上第四系松散层与下部含水层(被导水裂缝带贯通的煤系地层中延安组含水层和中侏罗系直罗组下部含水层中的孔隙裂隙承压水)各自形成独立的水循环系统。

锦界采煤沉陷区无灌溉取水等人工利用,与河则沟、青草界沟并无直接水量交换,从这个意义上来说,锦界采煤沉陷区基本上是一个孤立的采煤沉陷区(无水力联系的采煤沉陷区)。不考虑外源河道水量汇入,煤矿开采对河川径流量的影响与降水、水面蒸发、地下水有关,而与青草界沟、河则沟等河流汇流量无关。在此基础上,将煤矿开采对河川径流影响分为以下两种情况。

(1)不考虑地下水对沉陷区的补给。

先忽略地下水对采煤沉陷区水平衡的影响,既不考虑地下水对沉陷区的补给作用,也不考虑沉陷区的渗漏,仅考虑沉陷积水区水面降水、未积水区降水产流、水面蒸发之间的平衡关系。在上述假设条件下,理论上如果时间足够长,采煤沉陷区的水面蒸发应该等于采煤沉陷区的水面降水与未积水区降水产流之和,经整理可得到沉陷区积水面积比与降水产流系数、降水量、水面蒸发量间的数学关系,见式(6-2)。

$$\frac{A_{积}}{A_{T}} = \frac{\alpha P}{E_0 - (1 - \alpha)P} \tag{6-2}$$

式中:α 为降水径流系数;P 为年均降水量,mm;E_0 为年均水面蒸发量,mm;A_T 为采煤沉陷区包含积水区和未积水区的总面积,hm²;$A_{积}$ 为采煤沉陷区的年均积水面积,hm²。

秃尾河流域多年平均降水量 394.4 mm,水面蒸发量 1 179.3 mm(E_{601}),干旱指数为 3.0。当地降水产流系数约 0.29。将以上数据代入式(6-2),得出多年平均意义上的沉陷区积水面积比为 7.52%。计算结果表明:秃尾河流域没有地下水对采煤沉陷区的补给,仅仅依赖沉陷积水区的降水和沉陷未积水区的降水径流,孤立采煤沉陷区不足以维持一定的积水面积。

(2)考虑地下水对沉陷区的补给。

3^{-1}煤层开采后在地表沉陷作用下,加大了对矿区外地下水资源的袭夺量,减少了向区域外的潜流量,使蓝色区域潜水位高于地表,井田范围内地下水资源的补给量计算如下:

锦界井田 3^{-1}煤层开采结束后,其塌陷区类似一个汇水盆地,使水量源源不断地流入沉陷区内,汇入水量的计算公式为

$$Q_{动} = 1.366\, K \frac{(2H - M)M - h^2}{\lg R_0 - \lg r_0} \times \frac{1}{24} \tag{6-3}$$

式中:$Q_{动}$ 为最大涌水量,$\mathrm{m^3/h}$;K 为渗透系数,$\mathrm{m/d}$;M 为含水层厚度,m;H 为水头高度,m;R_0 为引用影响半径,m;r_0 为引用半径,m。

引用影响半径 R_0 可采用式(6-4)计算:

$$R_0 = r_0 + R, R = 10S\sqrt{K}, r_0 = \sqrt{F/\pi} \tag{6-4}$$

式中:S 为水位降深值,m;F 为开采区面积,$\mathrm{m^2}$。

根据锦界煤矿地质资料并结合采矿参数,确定沉陷区侧向补给量相关参数如下:水文地质勘探资料表明,第四系河谷冲积层(Q_4^{al})潜水含水层水位埋深 $0.9 \sim 3.0$ m,厚 $8.56 \sim 26.40$ m,渗透系数为 0.833 m/d,开采面积 25.53 $\mathrm{km^2}$,计算得出:3^{-1} 煤层开采后的流入沉陷区内的侧向补给量如表 6-2 所示。

表 6-2　3^{-1} 煤层开采后地下水侧向补给量

开采区域	煤层	面积 ($\mathrm{km^2}$)	含水层厚度 (m)	年侧向补给量 (万 $\mathrm{m^3}$)
3^{-1} 煤层所有盘区	3^{-1} 煤层	25.53	4.96	2 694.18

在秃尾河径流保持 2.17 亿 $\mathrm{m^3}$ 不变的前提下,该区域的补给量全部转化为水面蒸发,影响量占秃尾河地表径流量的 12.42%。因此,采煤沉陷区地下水出露,由原来的潜水蒸发转化为水面蒸发,因蒸发量增加而造成河川径流量的减少,应引起相关部门的高度重视。

6.4　小　结

(1)河则沟流量较锦界煤矿开采前减少了 35.7%;锦界煤矿开采对地下水的干扰程度高于秃尾河流域;现状覆被条件下,2000 年后,煤炭开采造成高家堡水文站以上径流量减少 242 万 $\mathrm{m^3/a}$。3^{-1} 煤层开采后,在秃尾河径流保持 2.17 亿 $\mathrm{m^3}$ 不变的前提下,该区域地下水补给量全部转化为水面蒸发,因蒸发量增加造成的最大影响量占秃尾河径流量的 12.42%。

(2)本书提出将煤炭开采对河川径流影响量重新界定,即不考虑矿井排水重新进入河道,河水补给地下水,地下水再排出的重复循环过程,仅将煤矿开采过程中及开采稳定后的矿井涌水量作为煤炭开采对河川径流的影响量。在秃尾河径流保持 2.17 亿 $\mathrm{m^3}$ 不变的前提下,稳定开采条件月均涌水量取 3 500 $\mathrm{m^3/h}$,锦界煤矿开采产生的影响量占秃尾河径流量的 13.94%。

第 7 章　结论与展望

7.1　结　论

　　本书以秃尾河流域 – 锦界煤矿为研究对象,通过收集研究区水文气象和水文地质等资料,以秃尾河流域河川径流变化特征为基础,以反映煤炭开采对河川径流渗漏、地表水水文过程、地下水动力过程及地表沉陷变化等耦合影响为目标,采用现场实测、理论计算、数值模拟等方法相结合,以模拟计算值与实际观测值误差最小为准则,实现导水裂隙发育高度的计算、地表水水文过程 – 地下水动力过程的耦合、情景模拟和开采沉陷叠加,评价煤炭开采对秃尾河河川径流的影响。取得的主要结论如下:

　　(1)秃尾河流域 1956 ~ 2012 年径流量呈显著减少趋势,且在 1979 年、1996年发生两次明显突变。与基准期相比,水土保持期和煤炭开采期人类活动对径流的影响比例分别为 69.37% 、77.14% 。与基准期相比,水土保持期和煤炭开采期人类活动对基流的贡献率分别为 45.84% 、69.89% 。水土保持、煤炭开采、水利工程建设等人类活动日益成为秃尾河径流演变的主要驱动因子。

　　(2)把砂层赋存状况、上覆岩土体组合分布特征、导水裂隙带发育高度计算结果作为分区因子,综合判定导水裂隙带是否发育到第四系潜水含水层为分区标准,将煤炭开采对河川径流影响分为严重影响区、一般影响区和轻微影响区。锦界煤矿各分区面积分别为 23.46 km², 37.27 km²、81.04 km²,占井田面积的比例分别为 16.55% 、26.29% 、57.16% 。

　　(3)针对地表水入渗补给的滞后性和现有的 RCH 子程序无法在其内部实现垂向上对多层单元格补给的表达这两个问题,以锦界煤矿采煤工程为例,构建更加符合研究区地表水水文过程和地下水动力过程的耦合模型,并进行率定和验证。研究表明,耦合模型水文地质条件概化较为合理,SWATMOD 耦合模型能较准确地模拟地表水水文过程、地下水动力过程及地下水动态变化,可为秃尾河流域煤矿开采区水资源开发利用和保护提供技术支撑。

　　(4)利用耦合模型模拟现状、相对稳定和最大开采量三种情景,煤矿开采10 a、20 a、30 a 地下水动态变化。在此基础上,叠加开采沉陷预计模块,实现了情景模拟与地表沉陷预测的叠加。研究表明,到 2016 年末研究区潜水位中心降深达到 27.95 m;2026 年末降深幅度较大区域主要集中在 2 盘区和 3 盘区;2036 年末时刻最大水位降深 18～22 m;2036 年末除井田西北部地下水位埋深增加外,河则沟东部、井田西南部(主要为 3 盘区中下部)地下水位较 2026 年末时刻有回升趋势;3^{-1} 煤层开采完成后地表最大下沉值为 2.80 m,各工作面中心沉陷值最大,向外逐渐变小;地面沉降的发生、发展与地下水位的时空变化基本一致,且地表沉陷为地下水降落提供了边界。

(5)本书提出不考虑矿井排水重新进入河道,河水补给地下水,地下水再排出的重复循环过程,仅将煤矿开采过程中及开采稳定后的矿井涌水量作为煤炭开采对河川径流的影响量。稳定开采情景月均涌水量取 3 500 m^3/h,秃尾河径流保持 2.17 亿 m^3 不变时,锦界煤矿开采产生的影响量占秃尾河径流量的 13.94%。

(6)河则沟径流量较开采前减少了 35.7%;锦界煤矿开采对地下水的干扰程度高于秃尾河流域。现状覆被条件下,2000 年后煤炭开采造成秃尾河高家堡水文站以上径流量减少 242 万 m^3/a。在保护煤柱设置的前提下,地表沉陷未波及地表水体,对地表水体影响较小。锦界煤矿开采不会对采兔沟水库地表水源保护区及水库上游的河道产生影响,但会对水库汇水造成一定影响。在此基础上,阐述了煤炭开采造成局部潜水出露,积水盆地的形成机制,并指出局部积水盆地形成使蒸发量增加,萨拉乌苏组含水层中的地下水部分渗入矿井,减少了潜水对河流的补给,成为煤炭开采消减径流的重要原因。

7.2 展 望

煤炭开采对河川径流的影响研究虽取得了一定的成果,但尚有考虑不充分的地方,仍需进一步研究,主要包括以下几个方面:

(1)由于建模机制不同,不可能在模型中考虑所有已知因素,在实际应用中也未能在模型中体现所有相关的水文、环境、地质等信息;加之模型也不是越复杂就会越准确,而需要在保持模型的假设前提下,尽可能反映煤炭开采对河川径流的影响实际。

(2)本书主要从水量的角度阐述煤炭开采对河川径流的影响,水质监测数据较少,未进行各物质组分随开采时间变化的动态模拟。水质和水量密不可分,水中各物质成分的赋存与运移受到越来越多的关注,这方面的研究将结合水质监测资料,不断补充和完善。

（3）本书主要基于秃尾河流域－锦界煤矿已有的水文和水文地质资料,锦界煤矿开采是一项长期复杂的工作,随着煤炭资源开采力度的加大,对秃尾河流域地表水水文过程、地下水动力过程变化的认识也会进一步深化,相应地,耦合模型随之需要进行修改、调整和完善。

参 考 文 献

[1] 范立民.黄河中游一级支流窟野河断流的反思与对策[J].地下水,2004,26(4):236-237.

[2] 范立民,寇贵德,蒋泽泉,等.浅埋煤层开采过程中地下水流场变化规律[J].陕西煤炭,2003,22(1):26-28.

[3] 范立民.陕北地区采煤造成的地下水渗漏及其防治对策分析[J].矿业安全与环保,2007,34(5):62-64.

[4] 栾兆擎,邓伟.三江平原人类活动的水文效应[J].水土保持通报,2003,23(5):11-14.

[5] 任立良,张炜,李春红,等.中国北方地区人类活动对地表水资源的影响研究[J].河海大学学报(自然科学版),2001,29(4):13-18.

[6] 谢平,陈广才,雷红富,等.水文变异诊断系统[J].水力发电学报,2010,29(1):85-91.

[7] Mann H B. Non-parametric tests against trend[J]. Econometrica, 1945,13(3):245-259.

[8] Kendall M G. Rank correlation methods. 2nd ed[J]. London:C. Griffin,1975,11(2):24-29.

[9] Pettitt A N. A non-parametric approach to the change-point problem[J]. Applied Statistics,1979,28(2):126-135.

[10] 肖宜,夏军,申明亮,等.差异信息理论在水文时间序列变异点诊断中的应用[J].中国农村水利水电,2001,11(2):28-30.

[11] Yamamoto R, Iwashima T, Sanga N K. An analysis of climate jump[J]. Meteorological Society of Japan, 1986, 64(2):273-281.

[12] 谢平,雷红富,陈广才,等.基于 Hurst 系数的流域降雨时空变异分析方法[J].水文,2008, 28(5):6-10.

[13] 王文圣,丁晶,李跃清.水文小波分析[M].北京:化学工业出版社,2005.

[14] 魏凤英.现代气候统计诊断与预测技术[M].北京:气象出版社,2007.

[15] 雷红富,谢平,陈广才,等.水文序列变异点检验方法的性能比较分析[J].水电能源科学,2007,25(4):36-40.

[16] 张建云,章四龙,王金星,等.近50年来中国六大流域年际径流变化趋势研究[J].水科学进展,2007,18(2):230-234.

[17] 周园园,师长兴,杜俊,等.无定河流域1956~2009年径流量变化及其影响因素[J].自然资源学报,2012,27(5):856-865.

[18] 高忠咏,赵爱军,冯天梅,等.秃尾河流域年径流变化特性分析[J].水资源与水工程学报,2014,25(2):153-157.

[19] 杨筱筱,王双银,王建莹,等.秃尾河年径流变异点综合诊断研究[J].干旱地区农业研究,2014,32(2):234-238.

[20] Charles Rougé, Yan Ge, Ximing Cai. Detecting gradual and abrupt changes in hydrological records[J]. Advances in Water Resources, 2013,53(53):33-44.

[21] 白乐,李怀恩,何宏谋.窟野河径流变化检测及归因研究[J].水力发电学报,2015,34(2):15-22.

[22] 张胜利,李倬,赵文林.黄河中游多沙粗沙区水沙变化原因及发展趋势[M].郑州:黄河水利出版社,1998.

[23] 汪岗,范昭.黄河水沙变化研究[M].郑州:黄河水利出版社,2002.

[24] 陈江南,王云璋,徐建华,等.水土保持生态建设对黄河水资源、泥沙影响评价方法研究[M].郑州:黄河水利出版社,1998.

[25] 林启才,李怀恩.气候变化及宝鸡峡引水对渭河径流量的影响分析[J].水力发电学报,2013,32(3):71-75.

[26] Siriwardena L, Finlayson B L, McMahon T A. The impact of land use change on catchment hydrology in large catchments: The Comet River, Central Queensland, Australia[J]. Journal of Hydrology,2006,326(1):199-214.

[27] 孙天青,张鑫,梁学玉,等.秃尾河径流特性及人类活动对径流的影响分析[J].人民长江,2010,41(8):47-50.

[28] 王国庆,张建云,刘九夫,等.气候变化和人类活动对河川径流影响的定量分析[J].中国水利,2008,43(2):55-58.

[29] 林凯荣,何艳虎,陈晓宏.气候变化及人类活动对东江流域径流影响的贡献分解研究[J].水利学报,2012,43(11):1312-1321.

[30] Thomas J L, Anderson R L. Water-energy conflicts in Montana's Yellowstone river basin, Southeastern Montana[J]. Journal of the American Water Resources Association, 1976,12(4):829-842.

[31] Plotkin S E, Gold H, White I L. Water and energy in the western coal lands[J]. Journal of the American Water Resources Association,1979,15(1):94-107.

[32] Loveday P F, Atkins A S, Aziz N I. The problems of Australian underground coal mining operations in water catchment areas[J]. International Journal of Mine Water ,1983,2(3):1-15.

[33] Singh R N, Jakeman M. Strata monitoring investigations around longwall panels beneath the cataract reservoir[J]. Mine Water and the Environment, 2001,20(2):55-64.

[34] 李文平,叶贵钧,张莱,等.陕北榆神府矿区保水采煤工程地质条件研究[J].煤炭学报,2000,25(5):449-454.

[35] 叶贵钧,张莱,李文平,等.陕北榆神府矿区煤炭资源开发主要水工环境及防治对策[J].工程地质学报,2000,8(4):446-455.

[36] 钱鸣高,许家林,缪协兴.煤矿绿色开采技术[J].中国矿业大学学报,2003,32(4):343-348.

[37] 石晓枫,杨国栋.煤炭开采对地下水资源破坏环境影响评价浅析[J].环境科学进展,

1997,17(7):133-137.

[38] 邵改群.山西煤矿开采对地下水资源影响评价[J].中国煤田地质,2001,13(1):41-43.

[39] 王双明,黄庆享,范立民,等.生态脆弱矿区含(隔)水层特征及保水开采分区研究[J].煤炭学报,2010,35(1):7-14.

[40] 王应刚,姜琴,辛慧慧.煤炭开采对区域地下水资源的影响研究[J].黑龙江水专学报,2010,37(1):63-68.

[41] 李七明,翟立娟,傅耀军,等.华北型煤田煤层开采对含水层的破坏模式研究[J].中国煤炭地质,2012,24(7):38-43.

[42] 常金源,李文平,李涛,等.神南矿区煤炭开采水资源漏失量评价分区[J].煤田地质与勘探,2011,39(5):41-45.

[43] Booth C J, Bertsch L P. Groundwater geochemistry in shallow aquifers above longwall mines in Illinois,USA [J]. Hydrogeology Journal, 1999, 7(6): 561-575.

[44] Booth C J. Groundwater as an environmental constraint of longwall coal mining[J]. Environmental Geology, 2006,49(6):796-803.

[45] Thompson J R,Sorenson H R,Gavin H, et al. Application of the coupled MIKE SHE /MIKE II modeling system to a lowland wet crassland in southeast England [J]. Journal of Hydrology, 2004, 29(3):151-179.

[46] Ross M, Geurink J, Aly A, et al. Integrated Hydrologic Model(IHM) Volume I Theory Manual[R]. Florid: Tampa Bay Water and Southwest Florida Water Management District, 2004.

[47] Mcdonald M G, Harbaugh A W. A modular three-dimensional finite difference groundwater flow model, U S Geological Survey [J]. Techniques of Water Resources Investigations, USA: USGS, 1988.

[48] Swain E D. Implementation and use of direct-flow connections in a coupled ground-water and surface-water model [J]. Ground water, 1994,32(1):139-144.

[49] Sophocleous M A, Koelliker J K, Govindaraju R S, et al. Integrated numerical modeling for basin-wide water management: The case of the Rattlesnake Creek basin in south-central Kansas[J]. Journal of Hydrology,1999, 214(1-4): 179-196.

[50] Panday S, Huyakorn P S. A fully coupled physically-based spatially-distributed model for evaluating surface/subsurface flow[J]. Advances in Water Resources, 2004,27(4): 361-382.

[51] 贾仰文,王浩,倪广恒,等.分布式流域水文模型原理与实践[M].北京:中国水利水电出版社,2005.

[52] 胡立堂,王忠静,赵建世,等.地表水和地下水相互作用及集成模型研究[J].水利学报,2007,38(1):54-59.

[53] 王蕊,王中根,夏军.地表水和地下水耦合模型研究进展[J].地理科学进展,2008,27(4):37-41.

[54] Andersen J, Refsgaard J C, Jensen K H. Distributed hydrological modelling of the Senegal River Basin: model construction and validation[J]. Journal of Hydrology, 2001, 247(3-4): 200-214.

[55] Fleckmenstein J, Anderson M, Fogg G, et al. Managing surface water-groundwater to restore fall flows in the Cosumnes river[J]. Journal of water resources planning and management, 2004, 130(4):301-310.

[56] Perkins S P, Sophocleous M A. Development of a comprehensive watershed model applied to study stream yield under droght conditions [J]. Ground Water, 1999, 37(34):418-426.

[57] 刘路广, 崔远来. 灌区地表水－地下水耦合模型的构建[J]. 水利学报, 2012, 43(7): 826-833.

[58] Booth C J. Strata-movement concepts and the hydrogeological impact of underground coal mining[J]. Groundwater, 1986, 24(4):507-515.

[59] Coe C J, Stowe S M. 1984. Evaluating the impact of longwall coal mining on the hydrologic balance[J]. Proc. NWWA Conform the Impact of Mining on Ground Water, Denver, Colo. p. 348-359.

[60] Sidle R C, Kamil L, Sharm A, et al. Stream response to subsidence from underground coal mining in central Utah[J]. Environmental Geology, 2000, 39(3-4):279-291.

[61] Booth C J. The effects of longwall coal mining on overlying aquifers[J]. Geological Society, London, Special Publications, 2002, 198:17-45.

[62] Choubey V D. Hydrogeological and environmental impact of coal mining, Jharia coalfield, India[J]. Environmental Geology and Water Sciences, 1991, 17(3):185-194.

[63] Shepley M G, Pearson A D, Smith G D, et al. The impacts of coal mining subsidence on groundwater resources management of the East Midlands Permo-Triassic Sandstone aquifer [J]. England Quarterly Journal of Engineering Geology and Hydrogeology, 2008, 41(2): 425-438.

[64] 曾庆铭, 施龙青. 山东省煤炭开采对水资源的影响分析及对策研究[J]. 山东科技大学学报(自然科学版), 2009, 28(2):42-46.

[65] 张发旺, 赵红梅, 宋亚新, 等. 神府东胜矿区采煤塌陷对水环境影响效应研究[J]. 地球学报, 2007, 28(6):521-527.

[66] 张思锋, 马策, 张立. 榆林大柳塔矿区乌兰木伦河径流量衰减的影响因素分析[J]. 环境科学学报, 2011, 31(4):889-896.

[67] 杨泽元, 王文科, 黄金廷, 等. 陕北风沙滩地区生态安全地下水位埋深研究[J]. 西安农林科技大学学报(自然科学版), 2006, 34(8):67-74.

[68] 李振拴. 山西省煤炭开采对上覆裂隙水破坏及其利用的研究[J]. 中国煤田地质, 2007, 19(5):35-37.

[69] 蒋晓辉, 谷晓伟, 何宏谋. 窟野河流域煤炭开采对水循环的影响研究[J]. 自然资源学报, 2010, 25(2):300-306.

［70］ 武雄,汪小刚,段庆伟,等.重大水利工程下矿产开采对其安全影响评价及加固措施研究［J］.岩石力学与工程学报,2007,26(2):338-346.

［71］ 骆祖江,王琰,田小伟,等.沧州市地下水开采与地面沉降地裂缝模拟预测［J］.水利学报,2013,44(2):198-204.

［72］ 高业新.通过抽水试验研究河北平原深层地下水的补给来源［J］.干旱区资源与环境,2010,24(7):68-71.

［73］ 赵雪花,黄强,席秋义.黄河上游径流动态变化趋势预测［J］.水力发电学报,2004,23(4):1-4.

［74］ 姚治君,管彦平,高迎春.潮白河径流分布规律及人类活动对径流的影响分析［J］.地理科学进展,2003,22(6):599-606.

［75］ 谢平,陈广才,雷红富,等.变化环境下地表水资源评价方法［M］.北京:科学出版社,2009.

［76］ 潘健,唐莉华.松花江流域上游径流变化及其影响研究［J］.水力发电学报,2013,32(5):58-69.

［77］ Wang S, Yan M, Yan Y, et al. Contributions of climate change and human activities to the changes in run off increment in different sections of the Yellow River［J］. Quaternary International,2012,282:66-77.

［78］ 谢贤群,王菱.中国北方近50年潜在蒸发的变化［J］.自然资源学报,2007,22(5):683-691.

［79］ 冉大川.黄河中游河口镇至龙门区间水土保持与水沙变化［M］.郑州:黄河水利出版社,2000.

［80］ 穆兴民,高鹏,巴桑赤烈,等.应用流量历时曲线分析黄土高原水利水保措施对河川径流的影响［J］.地球科学进展,2008,23(4):382-389.

［81］ Eckhardt K. A comparison of base flow indices, which were calculated with seven different separation methods［J］. Journal of Hydrology,2008,35(2): 168-173.

［82］ Burn D H, Hag Elnur M A. Detection of hydrologic trends and variability［J］. Journal of Hydrology,2002,25(5):107-122.

［83］ Anderson R L. Distribution of the serial correlation coefficients［J］. Annals of Mathematical Statistics,1942,13(1): 1-13.

［84］ 周旭.变化环境下秃尾河流域径流演变规律研究［D］.咸阳:西北农林科技大学,2012.

［85］ 钱云平,蒋秀华,金双彦,等.黄河中游黄土高原区河川基流特点及变化分析［J］.地球科学与环境学报,2004,26(2):88-91.

［86］ 王雁林,王文科,钱云平,等.黄河河川基流量演化规律及其驱动因子探讨［J］.自然资源学报,2008,23(3): 479-486.

［87］ 杨泽元.地下水引起的表生生态效应及其评价研究——以秃尾河流域为例［D］.西安:长安大学,2004.

［88］ 胡立堂,仪彪奇,杨旭辉.地下水数值模拟中入渗补给滞后的处理方法［J］.水文地质工

程地质, 2009,36(3): 16-20.

[89] 韩忠,邵景力,崔亚莉,等.基于 MODFLOW 的地下水流模型前处理优化[J].吉林大学学报(地球科学版),2014,44(4):1290-1296.

[90] Nam Won Kim, Moon Chung, Yoo Seung Won, et al. Development and application of the integrated SWAT-MODFLOW model [J]. Journal of Hydrology,2008,35(6):1-16.

[91] 陈崇希.滞后补给权函数–降雨补给潜水滞后性处理方法[J].水文地质工程地质,1998,25(6):22-24.

[92] 陈崇希,胡立堂,王旭升.地下水流模拟系统 PGMS(1.0 版)简介[J].水文地质工程地质,2007,34(6):135-136.

[93] Dong Yanhui, Li Guomin, Xu Haizhen. An areal recharge and discharge simulating method for MODFLOW[J]. Computers & Geosciences, 2012,42(1):203-205.

[94] 王仕琴.地下水模型 MODFLOW 与 GIS 的整合研究——华北平原为例[D].北京:中国地质大学,2006.

[95] Saleh A, Arnold J G, Gassman P W, et al. Application of SWAT for the Upper North Bosque Watershed[J]. Transactions of the ASAE, 2000, 43(5):1077-1087.

[96] Fohrer N, Haverkamp S, Eckhardt K, et al. Hydrologic response to land use changes on the catchment scale[J]. Phys Chem Earth(B), 2001, 26(7-8):577-582.

[97] Lai G Y,Wu D Y,Zhong Y X,et al. Progress in development and applications of SWAT model [J]. Journal of Hohai University: Natural Sciences,2012,40(3): 243-251.

[98] 陈莹,许有鹏,陈兴伟.长江三角洲地区中小流域未来城镇化的水文效应[J].资源科学,2011,33(1): 64-69.

[99] 李志,刘文兆,张勋昌,等.未来气候变化对黄土高原黑河流域水资源的影响[J].生态学报,2009,29(7): 3456-3464.

[100] 李文运,崔亚莉,苏晨,等.天津市地下水流–地面沉降耦合模型[J].吉林大学学报(地球科学版),2012,42(3): 805-813.

[101] 地质矿产部水文地质工程地质技术方法研究队.水文地质手册[M].北京:地质出版社,1983.

[102] 黄一帆,刘俊民,姜鹏,等.基于 Modflow 的泾惠渠地下水动态及预测研究[J].水土保持研究,2014,21(2): 273-278.

[103] Esaki T,Djamaluddin I,Mitani Y. Synthesis subsidence prediction method due to underground mining integrated with GIS[C]// OHNISHI Y, AOKI K,ed. Proc. of the 3rd Asian Rock Mechanics Symposium Contribution of Rock Mechanics to the New Century. Kyoto: Millpress Science Publishers,2004:147-152.

[104] 李春雷,谢谟文,李晓璐.基于 GIS 和概率积分法的北洺河铁矿开采沉陷预测及应用[J].岩石力学与工程学报,2007,26(6):1243-1250.

[105] 吴侃,靳建明,戴仔强.概率积分法预计下沉量的改进[J].辽宁工程技术大学学报,2003,22(1): 19-22.

［106］康建荣,王金庄,温泽民.任意形多工作面多线段开采沉陷预计系统(MSPS)[J].矿山测量,2000,1(3):24-27.

［107］刘腾飞.煤矿开采导水裂缝发育高度及影响因素分析[J].煤田地质与勘探,2013,41(3):34-37.

［108］范立民,王双明,刘社虎,等.榆神矿区矿井涌水量特征及影响因素[J].西安科技大学学报,2009,29(1):7-11.

［109］刘怀忠.煤矿开采对矿区地下水系统扰动的定量评价研究[D].北京:中国矿业大学,2009.

［110］李莹.陕北煤炭分布区地下水资源与煤炭开采引起的水文生态效应[D].西安:长安大学,2008.

［111］陆垂裕,陆春辉,李慧,等.淮南采煤沉陷区积水过程地下水作用机制[J].农业工程学报,2015,31(10):122-127.

［112］李琦,付格娟.陕北水资源利用与保护[J].环境保护,2014,42(10):63-65.

［113］谷树忠,杜杰.我国西部地区发展特色农业的基础、问题与方向[J].中国农村经济,2000(10):4-9.